交通职业教育教学指导委员会推荐教材

高职高专院校道路桥梁工程技术专业教学用书

房 屋 概 论

Fangwu Gailun

主编　周爱军

主审　郭泗勇

人民交通出版社

内 容 提 要

本书是交通职业教育教学指导委员会推荐教材,由路桥工程学科委员会组织编写。全书共12章,内容包括:绪论、基础与地下室、墙体、楼板层与地面、垂直交通设施、屋顶、窗和门、建筑设计原理简介、单层工业厂房构造、建筑给水排水与采暖工程简介、建筑电气工程、弱电与智能建筑简介、建筑施工图实例。

本书是高职高专院校道路桥梁工程技术专业教学用书,也可作为港口工程、给排水、电气、暖通等专业的教学参考用书,并可供建筑技术人员和生产管理人员阅读参考。

图书在版编目(CIP)数据

房屋概论/周爱军主编. —北京:人民交通出版社,
2005.7(重印2008.5)
 ISBN 978-7-114-05589-8

Ⅰ.①房… Ⅱ.周… Ⅲ.房屋建筑学—高等学校:
技术学校—教学参考资料 Ⅳ.TU22

中国版本图书馆 CIP 数据核字(2005)第 055682 号

书 名:	房屋概论
著 作 者:	周爱军
责任编辑:	武晓涛
出版发行:	人民交通出版社股份有限公司
地 址:	(100011)北京市朝阳区安定门外外馆斜街 3 号
网 址:	http://www.ccpress.com.cn
销售电话:	(010)59757973
总 经 销:	人民交通出版社股份有限公司发行部
经 销:	各地新华书店
印 刷:	北京虎彩文化传播有限公司
开 本:	787×1092 1/16
印 张:	7.75
字 数:	172 千
版 次:	2005 年 7 月 第 1 版
印 次:	2023 年 6 月 第 14 次印刷
书 号:	ISBN 978-7-114-05589-8
定 价:	28.00 元

(有印刷、装订质量问题的图书由本社负责调换)

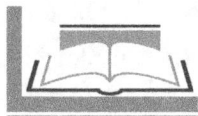

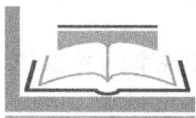

出版说明

CHUBAN SHUOMING

为深入贯彻落实《高等教育面向21世纪教学内容和课程体系改革计划》及全国普通高等学校教学工作会议的有关精神,深化教育教学改革,提高道路桥梁工程技术专业的教学质量,按照教育部"以教育思想、观念改革为先导,以教学改革为核心,以教学基本建设为重点,注重提高质量,努力办出特色"的基本思路,交通职业教育教学指导委员会路桥工程学科委员会在总结教育部路桥专业教学改革试点的6所交通高职高专院校办学实践经验的基础上,经过反复调研和讨论,制定了三年制"高职高专院校道路桥梁工程技术专业教学指导方案",随后又组织全国20多所交通高职高专院校道路桥梁工程技术专业的教师编写了18门课程的规划教材。

本套教材依据教育部对高职高专人才培养目标、培养规格、培养模式及与之相适应的知识、技能、能力和素质结构的要求进行编写。为使教材中所阐述的内容反映最新的技术标准和规范,路桥工程学科委员会还组织有关人员参加了新技术和新规范学习班。

按照2004年10月路桥工程学科委员会所确定的编写原则,本套教材力求体现如下特点:

1. 结构合理性。按照道路桥梁工程技术专业以培养技能型人才为主线的要求,对传统的专业技术基础课和专业课程进行了整合,教材的体系设计合理,循序渐进,符合学生心理特征和认知及技能养成规律。所编写的教材更适合高职教育的特点,强调现代教学技术应用的需要和教学课件的应用,以节省教学成本和提高教学效果。每章列有教学要求、本章小结和复习思考题,便于学生学习本章核心内容。

2. 知识实用性。体现以职业能力为本位,以应用为核心,以实用、实际、实效为原则,紧密联系生活、生产实际,及时反映现阶段公路交通行业发展和公路交通科技进步对道路桥梁工程技术专业人才的需要,采用最新的技术标准、规范和规程。加强教学针对性,与相应的职业资格标准相互衔接。在内容的取舍方面,在以适应当前工作岗位群实际需要为主基调的同时,为将来的发展趋势留有接口。

3. 职业教育性。渗透职业道德和职业意识教育,体现就业导向,有助于学生树立正确的择业观。教材中所选编的习题、例题均来自工程实际,不仅代表性强,而且对解决实际问题具有较强的针对性。在教材编写中注重培养学生爱岗敬业、团队精神和创业精神,树立安全意识和环保意识。

4. 使用灵活性。本套教材体现了教学内容弹性化,教学要求层次化,教材结构模块化,有利于按需施教,因材施教。

《房屋概论》是高职高专院校道路桥梁工程技术专业规划教材之一,内容包括:绪论、基础与地下室、墙体、楼板层与地面、垂直交通设施、屋顶、窗和门、建筑设计原理简介、单层工业厂房构造、建筑给水排水与采暖工程简介、建筑电气工程、弱电与智能建筑简介、建筑施工图实例。

本书由鲁东大学交通学院周爱军编写并担任主编,安徽交通职业技术学院郭泗勇担任主审。

本套教材是路桥工程学科委员会委员及长期从事道路桥梁工程技术专业教学与工程实践的教师们工作经验的总结。但是,随着各项改革的逐步深化,书中难免有错误之处,敬请广大读者批评指正。

本套教材在编写过程中,得到了交通职业教育教学指导委员会的关心与指导,全国各交通职业技术学院的领导也给予了大力支持,在此,向他们表示诚挚的谢意。

交通职业教育教学指导委员会
路桥工程学科委员会
2005 年 5 月

目　录
—MULU

第一章

绪　论

教学要求
　　1.举例说明建筑的概念、建筑的分类与等级;
　　2.解释模数制的概念;
　　3.描述民用建筑的构造组成。

● 第一节　建筑物的类型 ●

　　建筑是建筑物和构筑物的总称,是人们利用物质技术手段、运用科学规律和美学法则创造的人工空间环境。建筑物是直接供人们生活、学习、工作、居住以及从事生产和各种活动等的房屋、场所。构筑物是间接为人们提供服务的设施,如水池、水塔、烟囱等。本课程仅介绍房屋建筑。

　　建筑物有许多分类方法,现将几种主要分类方法简述如下。

一、按建筑物的使用性质分类

　　房屋建筑可分为生产性建筑和非生产性建筑。

　　生产性建筑是指供工业生产和农业生产用的建筑物,包括工业建筑(各种厂房、车间等)和农业建筑(如农机站、泵站、畜舍、暖房等)。

　　非生产性建筑即民用建筑,民用建筑按建筑物使用功能,可以分为居住建筑和公共建筑两大类。居住建筑是供人们生活起居用的建筑物,如住宅、公寓、宿舍等;公共建筑是供人们进行各项社会活动的建筑物,按其功能不同,又包括生活服务性建筑、文教建筑、托幼建筑、科研建筑、医疗建筑、商业建筑、行政办公建筑、交通建筑、通讯广播建筑、体育建筑、观演建筑、展览建筑、园林建筑、纪念性建筑等。

　　本书主要讲述民用建筑构造和工业建筑构造。

二、按建筑层数分类

　　住宅建筑按层数可划分为:1~3层为低层,4~6层为多层,7~9层为中高层,10层及10层以上为高层。

　　公共建筑及综合性建筑总高度超过24m的为高层(不包括高度超过24m的单层主体建筑)。

建筑物高度超过100m时,不论住宅建筑或公共建筑均称为超高层建筑。

三、按建筑物结构承重方式分类

建筑物按结构承重方式可分为墙承重结构、框架(剪力墙、筒体)承重结构、空间结构等。

低层、多层建筑主要采用墙承重结构,以墙体为建筑物的主要承重构件,也可采用框架结构。

高层建筑的承重结构可分为框架结构、剪力墙结构、框架—剪力墙结构、筒中筒结构等。框架结构由梁、柱作为承重构件,墙体只起围护作用;剪力墙结构是利用建筑物墙体承受竖向荷载和抵抗水平荷载;框架—剪力墙结构是将框架和剪力墙结合起来,共同抵抗水平荷载;筒中筒结构由内外筒共同抵抗水平力作用,筒体分实腹筒、框筒及桁架筒。

大跨度建筑常见的结构形式为空间结构形式,即荷载和构件不在同一个平面内的结构,承重构件采用空间网架、悬索、桁架和各种类型的壳体,如拱结构、桁架结构以及悬索、网架、折板、薄壳等形式。

四、按建筑结构的材料分类

建筑结构因所用的建筑材料不同,可分为木结构、砌体结构、钢筋混凝土结构、钢结构、组合结构等。

木结构是以木材作为承重骨架,自重轻、构造简单、施工方便。但由于我国森林资源有限,已很少采用。只用于有特殊工艺要求和专门建筑功能需要的建筑。

砌体结构是用砂浆将砖、石材或砌块等砌筑而成的结构。其易于就地取材,耐久性好,但自重大,抗震性能差。砌体结构适用于低层、多层建筑物。对多层砌体结构抗震设计需要采用构造柱、圈梁等构造措施以提高其延性、整体性和抗倒塌能力。

钢筋混凝土结构,是指建筑物的主要承重构件均以钢筋混凝土制成。它具有强度高、耐久性好、防火性能好、可塑性强等优点,发展前途最广,在我国工业、大型民用和公共建筑中得到广泛应用。预应力混凝土结构由于能节约材料,改善结构性能,降低造价,在大跨度工业建筑、体育场馆及其他公共建筑中,得到大力推广。

钢结构是指以钢材作为建筑物的主要承重构件。钢结构具有强度高、自重轻、抗震性能好、制作安装方便等优点,可用于超高层建筑结构、大跨度空间结构或大跨度重载工业厂房等。

组合结构是采用两种及以上结构材料构成的结构,可以充分发挥不同结构材料的性能。如由型钢、钢筋、混凝土构成的劲性钢筋混凝土;由钢管和混凝土构成的钢管混凝土。在一个建筑物上可采用两种及以上结构形式构成的混合结构,如砖墙木楼板的砖木混合结构,砖墙钢筋混凝土楼板的砖混结构,钢框架与钢筋混凝土核心筒的钢混结构等。其中砖木混合结构因浪费木材已极少采用。砖混结构因为造价低,可以因地制宜,就地取材,目前在我国多用于多层建筑。钢混结构多用于高层建筑。

五、按建筑规模大小分类

建筑物按规模大小可分为大量性建筑和大型性建筑。

大量性建筑指修建数量多,与人们生活密切相关的建筑,如住宅、学校、商店、医院等。

大型性建筑指规模宏大、耗资巨大、数量有限,可作为一个国家、一个地区或一个城市的标志和代表的建筑物,如大型体育馆、大型影剧院、大型火车站、大型商场等。

六、按建筑的耐久年限分类

建筑物按主体结构确定的耐久年限可分为四级:

一级建筑:耐久年限 100 年以上,适用于重要建筑和高层建筑;

二级建筑:耐久年限为 50~100 年,适用于一般性建筑;

三级建筑:耐久年限为 25~50 年,适用于次要建筑;

四级建筑:耐久年限为 15 年以下,适用于临时性建筑。

七、按建筑物的耐火等级分类

建筑物的耐火等级是由建筑构件的燃烧性能和耐火极限两方面因素决定的,一般可分为四级。一级的耐火等级最好,四级最差。性质重要、规模宏大的建筑物通常按一、二级耐火等级设计,大量的、一般性的建筑物按二、三级耐火等级设计,次要的、临时性的建筑按四级耐火等级设计。

● 第二节 民用建筑的构造组成 ●

我们经常接触到各种各样的民用建筑,如住宅、学校、医院、商场等,虽然从外形、大小、使用材料、平面布置、构造作法等方面存在差别和各自的特点,但也有相同之处,即一般是由基础、墙(或柱)、楼板和地面层、楼梯、屋顶、门窗等几部分构成,见图 1-1。

基础:基础是建筑物地面以下的承重结构,它的作用是承受建筑物的全部荷载,并将这些荷载传给地基,因此,基础必须稳定、可靠。

墙(或柱):在墙承重结构中,墙既是承重结构,也是围护构件,作为承重结构,墙承受上部荷载并将这些荷载传给基础。作为围护构件,外墙起到抵御自然界各种侵袭的作用,内墙起分隔房间的作用。在框架结构中,柱为承重构件,墙仅起围护作用,即分隔房间、抵御外界对室内的侵袭。因此墙体根据功能不同,应分别具有足够的强度和稳定性,具有保温、隔热、隔声、防水的能力及一定的经济和耐久性。

楼板和地面层:楼板层是建筑物水平方向的承重构件,并且分隔楼层间的空间。它承受家具、设备、人体等的荷载,并将这些荷载传给墙或柱。同时,楼板还对墙身起水平支撑的作用。因此,楼板必须具有足够的强度、刚度及一定的隔声能力。地面是指首层房间的地坪,它承受首层房间人、家具、设备等的荷载。因此要求地面具有坚固、耐磨、易清洁、防潮、防水等能力。

楼梯:楼梯是建筑物的垂直交通设施,供人们上下楼层和紧急疏散用,因此应具有一定的通行能力并且坚固耐久。

屋顶:屋顶是建筑物顶部的承重结构,它承受雨雪、风力、施工期间人群等荷载。同时屋顶又是围护构件,抵御风、雨、雪的侵袭和太阳辐射对房屋内部的影响。因此屋顶应坚固耐久、防水、保温、隔热。

门窗:门主要供通行人流,窗主要作用是采光和通风。位于外墙上的门窗兼起围护作用,应具有一定的保温、隔热、防水等能力。门和窗均属非承重构件。

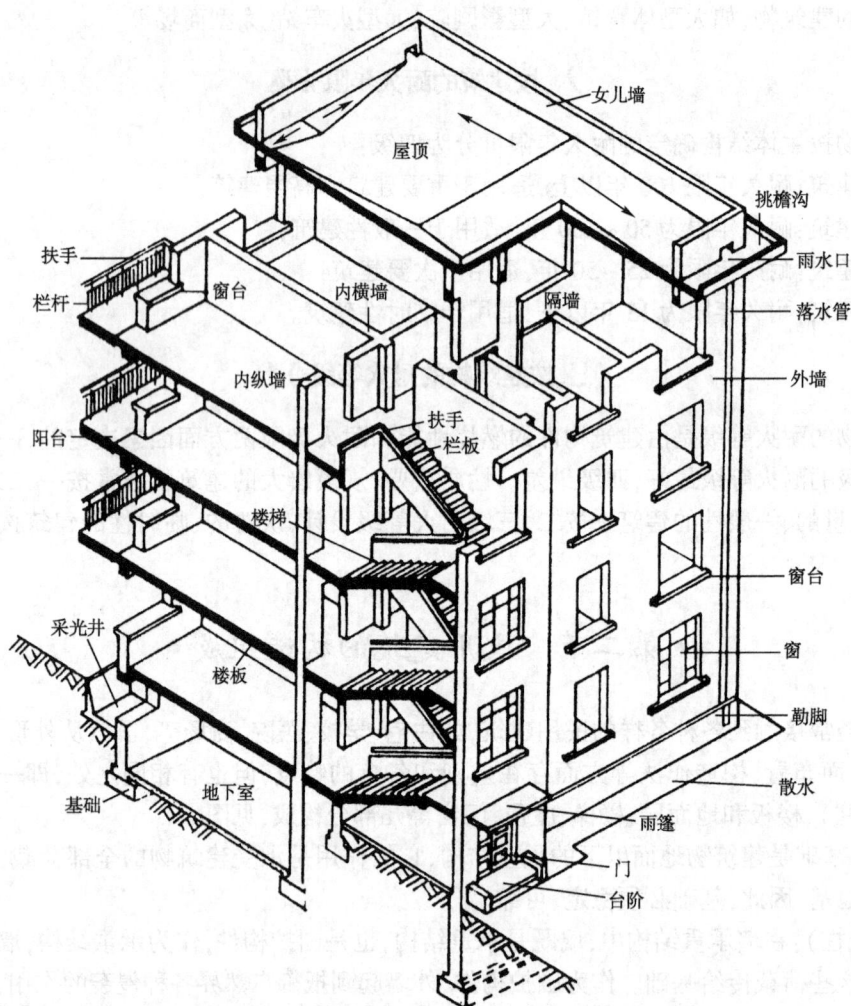

图 1-1　建筑物的构造组成

一幢建筑物除上述基本组成部分之外,还有一些附属部分,如阳台、雨篷、台阶、散水等。各组成部分归纳起来可分为两大类:一类是承重结构,如基础、墙、柱、楼板、屋顶等;一类是围护构件,如墙、屋顶、门窗等。其中墙和屋顶既是承重结构又是围护构件。

上述建筑物的组成部分还可以划分为建筑构件和建筑配件。建筑构件主要指墙、柱、梁、楼板、屋架等承重部件;建筑配件是指屋面、地面、墙面、门窗、栏杆、细部装修等。建筑构件和建筑配件统称为建筑构配件。

●第三节　建筑模数协调统一标准●

为了使建筑制品、建筑构配件和组合件实现工业化大规模生产,使不同材料、不同形式和不同制造方法的建筑构配件、组合件符合模数并且具有较大的通用性和互换性,从而加快设计速度,提高施工质量和效率,降低建筑造价,因此国家颁布了《建筑模数协调统一标准》(GBJ 2—86),供科研、设计和施工使用。

建筑模数是选定的标准尺度单位,作为尺度协调中的增值单位。尺度协调是指房屋构配件、组合件在尺度协调中的规则,供建筑设计、建筑施工、建筑材料与制品、建筑设备等采用,其目的是使构配件安装吻合,减少构配件制品的规格,并有通用性和互换性。

1. 基本模数

根据《建筑模数协调统一标准》,我国采用的基本模数的数值为 100mm,其符号为 M,即 1M = 100mm。整个建筑物和建筑物的一部分以及建筑组合件的模数化尺寸应是基本模数的倍数。

2. 导出模数

导出模数分为扩大模数和分模数,其基数应符合下列规定:

水平扩大模数的基数为 3M、6M、12M、15M、30M、60M,其相应的尺寸分别为 300mm、600mm、1200mm、1500mm、3000mm、6000mm;竖向扩大模数的基数为 3M 与 6M,其相应的尺寸为 300mm 和 600mm;

分模数的基数为 1/10M、1/5M、1/2M,其相应的尺寸为 10mm、20mm、50mm。

3. 模数数列

以基本模数、扩大模数、分模数为基础扩展而成的一系列尺寸,组成模数数列,见表 1-1。

模 数 数 列(单位:mm)   表 1-1

基本模数	扩 大 模 数						分 模 数		
1M	3M	6M	12M	15M	30M	60M	1/10M	1/5M	1/2M
100	300	600	1200	1500	3000	6000	10	20	50
100	300						10		
200	600	600					20	20	
300	900						30		
400	1200	1200	1200				40	40	
500	1500			1500			50		50
600	1800	1800					60	60	
700	2100						70		
800	2400	2400	2400				80	80	
900	2700						90		
1000	3000	3000		3000	3000		100	100	100
1100	3300						110		
1200	3600	3600	3600				120	120	
1300	3900						130		
1400	4200	4200					140	140	
1500	4500			4500			150		150
1600	4800	4800	4800				160	160	

基本模数	扩 大 模 数						分 模 数		
1M	3M	6M	12M	15M	30M	60M	1/10M	1/5M	1/2M
1700	5100						170		
1800	5400	5400					180	180	
1900	5700						190		
2000	6000	6000	6000	6000	6000	6000	200	200	200
2100	6300							220	
2200	6600	6600						240	
2300	6900								250
2400	7200	7200	7200					260	
2500	7500			7500				280	
2600		7800						300	300
2700		8400	8400					320	
2800		9000		9000	9000			340	
2900		9600	9600						350
3000				10500				360	
3100			10800					380	
3200			12000	12000	12000	12000		400	400
3300					15000				450
3400					18000	18000			500
3500					21000				550
3600					24000	24000			600
					27000				650
					30000	30000			700
					33000				750
					36000	36000			800
									850
									900
									950
									1000

模数数列的适用范围如下:

水平基本模数1M至20M的数列,主要用于门窗洞口和构配件截面等处;

竖向基本模数1M至36M的数列,主要用于建筑物的层高、门窗洞口和构配件截面等处;

水平扩大模数3M、6M、12M、15M、30M、60M的数列,主要用于建筑物的开间或柱距、进深或跨度、构配件尺寸和门窗洞口等处;

竖向扩大模数3M数列,主要用于建筑物的高度、层高和门窗洞口等处;

分模数 1/10M、1/5M、1/2M 的数列,主要用于缝隙、构造节点、构配件截面等处。

本 章 小 结

建筑是建筑物和构筑物的总称,是人工空间环境。直接供人们使用的是建筑物。间接为人们提供服务的是构筑物。

建筑物按使用性质可分为生产性建筑和非生产性建筑,生产性建筑包括工业建筑和农业建筑,非生产性建筑即民用建筑,分为居住建筑和公共建筑;按层数分,住宅分为低层、多层、中高层、高层;按建筑物结构承重方式分为墙承重结构、框架承重结构、空间结构;按使用的建筑材料分为木结构、砌体结构、钢筋混凝土结构、钢结构、组合结构;按建筑规模大小分为大量性建筑和大型性建筑;按耐久年限建筑物分为四级;按耐火等级建筑物分为四级。

民用建筑一般由基础、墙(或柱)、楼板和地面层、楼梯、屋顶、门窗等六大部分构成。

《建筑模数协调统一标准》的内容主要包括基本模数、导出模数、模数数列及模数数列的适用范围。我国采用的基本模数的数值为 100mm,1M＝100mm。

复习思考题

1.建筑的含义是什么?

2.举例说明哪些是工业建筑? 哪些是民用建筑?

3.低层、多层、中高层、高层建筑是按什么界限划分的?

4.按建筑物结构承重方式和使用的建筑材料不同,各自可分为哪些类型?

5.什么是大量性建筑和大型性建筑?

6.建筑的耐久等级是如何进行划分的?

7.建筑物按耐火等级分为几级? 哪级的耐火等级最好?

8.民用建筑有几大基本组成部分? 各部分有什么作用?

9.我国采用的基本模数的数值为多少?

第二章

基础与地下室

教学要求

1. 叙述地基与基础的概念,基础的分类及构造;
2. 叙述基础埋深及影响因素;
3. 描述地下室的构造。

● 第一节　地基与基础 ●

一、地基与基础的概念

建筑物地面以下与土壤直接接触的部分叫基础。它是建筑物的组成部分,承受建筑物上部结构传下来的全部荷载,并将这些荷载和自身的重量传给地基。地基是支承建筑物重量的土层,它不是建筑物的组成部分。直接承受基础传来的荷载的土层为持力层,持力层以下的土层为下卧层,见图2-1。

地基与基础是建筑物的根本,是为房屋上部结构服务的,共同保证房屋坚固、耐久、安全。若地基与基础一旦出现问题,就很难甚至难以补救。而且基础工程的造价也比较高,一般4、5层民用建筑,其基础工程的造价约占总造价的10%~20%。因此地基基础在建筑工程中的重要性是不言而喻的。这就要求它们必须具备足够的强度、刚度和稳定性,防止房屋因沉降过大和产生不均匀沉降而引起裂缝和倾斜。

地基可分为天然地基与人工地基。凡本身有足够强度,不须人工加固,能直接承受建筑物荷载的地基叫天然地基。凡土层的承载能力较弱或土层虽然较好,

图 2-1　地基与基础

但上部荷载较大时,须预先对土层进行人工加固处理才能承受建筑物荷载的地基称为人工地基。加固地基的方法常采用压实法(用各种机械对土层进行夯打、碾压、振动来压实松散土的方法)、换土法(当地基土层比较软弱,或地基有部分较弱的土层,如淤泥质土等,将较弱土层全部或部分挖去,换成较坚硬的砂、碎石、石屑等材料)、化学加固法、打桩法等。

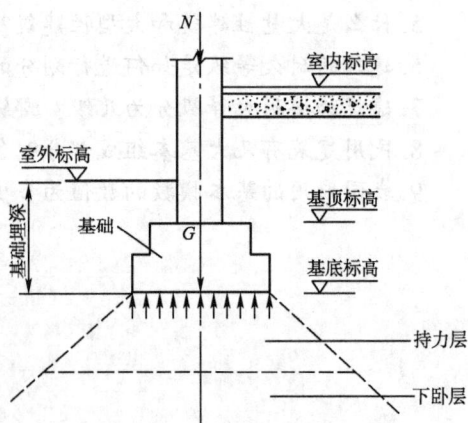

二、基础的埋置深度

从室外设计标高到基础底面的垂直距离叫基础的埋置深度,见图2-1。根据基础埋置深度的不同,基础可分为深基础和浅基础。埋深小于5m,只需经过挖槽、排水等普通施工程序就可建造起来的基础为浅基础,埋深大于5m的为深基础,如桩基等。从经济条件考虑,在满足地基稳定和变形要求的前提下,基础应尽量浅埋。但如基础埋置过浅,周围没有足够的土壤包围,基础的稳固和可靠性会受到影响,所以基础埋深除岩石地基外,一般不应小于500mm。

影响基础埋深的因素很多,其中主要有以下几种因素:

1. 建筑物的用途及上部荷载的大小和性质

比如建筑物有无地下室、设备基础、地下设施,若有则基础需要埋得深些;基础的形式与构造也影响埋深,如高层建筑不允许地基有较大的倾斜,多层框架结构在基础有不均匀沉降时会产生很大内力,此时就必须将基础埋置在较好的土层上,如果好土层较深,则基础也应埋得深些。

当建筑物高度较高,上部荷载较大时,也需要埋得深些。荷载的性质对基础的埋深也有明显的影响,对于承受较大水平荷载的基础,必须有足够的埋置深度,保证基础的稳定性。

2. 地基土土质条件

当地基土土质均匀,在满足地基承载和变形的前提下,基础应尽量浅埋;对上层土质差而下层土好的地基,如上层较薄,应将基础埋在下层较好的土层上,如上层较厚,则可对地基土进行加固或采用桩基;当上层地基的承载力大于下层土时,宜利用上层土作持力层。但地表土不宜做地基,因地表土常被扰动,并带有大量植物根茎等易腐物质或灰渣垃圾的杂填土。

3. 地下水位的影响

地下水位对某些土层的承载能力有较大的影响。粘性土在地下水位上升时,因吸水膨胀,会使土的强度降低,地下水位下降时,基础又会下沉。如果水中含有酸碱性杂质对基础还会有侵蚀作用,所以,一般应尽量使基础埋在最高水位以上,以免施工时排水困难。若地下水位较高,基础必须埋在地下水位以下时,基础应采用耐水材料,如混凝土、钢筋混凝土等,并采取防水或排水措施。

4. 土的冻胀

寒冷地区基础的埋深还要考虑土层冻胀的影响。冻结土与非冻结土的分界线称为冻土线。如果基础底面放置在冻土线以上,冬季土层冻胀会把房屋向上拱起,春季土层解冻房屋又会下沉。这种冻融交替若逐年反复进行,会使基础墙身开裂,影响房屋的安全使用。所以多数情况下应将基础埋置在冻土线以下200mm。

5. 与相邻基础的关系

基础埋深不宜深于相邻原有建筑物的基础。当基础深于原有基础时,两基础间应保持一定净距,即为两相邻基础底面高差的 $1 \sim 2$ 倍,见图2-2。如果净距不满足要求时,应采取分段施工、设临时加固支撑、打板桩、地下连续墙等措施或加固原有建筑物的地基。

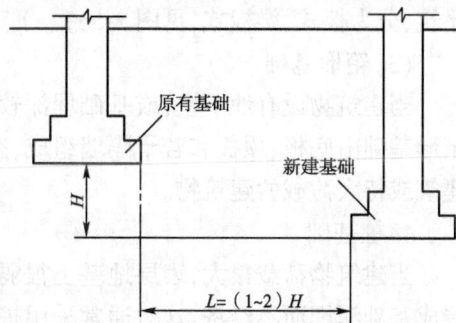

图 2-2　相邻基础的关系

三、基础的类型

1. 按基础的构造形式分类

1）条形基础

当建筑物上部结构采用墙体承重时,基础常沿墙身连续设置,做成长条形,叫条形基础或带形基础。多用于地基条件较好、浅基础的砖混结构。常以砖、石、混凝土等材料为主,断面形式多为放大台阶式,见图2-3。

2）独立基础

当建筑物上部结构采用框架结构时,柱子下的基础常单独设置,叫独立基础。常见独立基础的形式有阶梯形、锥形(现浇柱下的钢筋混凝土基础)、杯形(预制柱下的基础)等,见图2-4。

3）联合基础

联合基础常见的类型有:

(1)柱下条形基础、柱下十字交叉基础

当地基条件较差时,为了提高建筑物的整体性,避免柱子间产生不均匀沉降,常将柱下基础连起来,做成柱下条形基础或柱下十字交叉基础(也称为井格基础),见图2-5a)、b)。

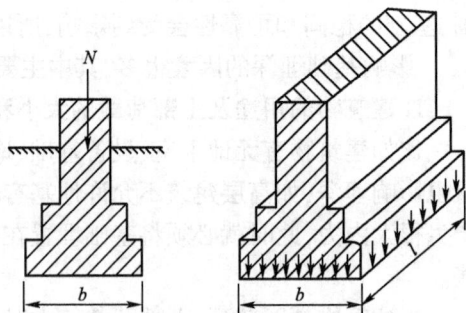

图2-3　条形基础

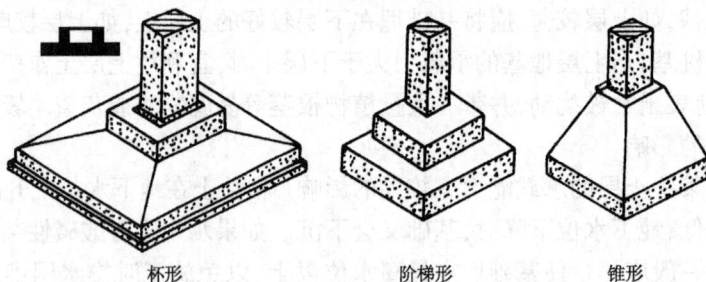

杯形　　　　阶梯形　　　　锥形

图2-4　独立基础

(2)片筏基础

当建筑物上部荷载较大而地基特别弱,采用柱下条形基础或十字交叉基础也满足不了设计要求时,常将建筑物基础做成整块的钢筋混凝土梁或板,即为片筏基础,适用于多层与高层建筑,分为板式、梁板式,见图2-5c)、d)。

(3)箱形基础

当建筑物设有地下室,或基础埋深较大时,可做成钢筋混凝土整体箱形基础,见图2-5e)。箱形基础由底板、顶板和若干隔墙组成,空间刚度大,能抵抗地基的不均匀沉降,特别适用高层建筑或特大荷载的建筑物。

4）桩基础

当建筑物荷载很大,表层地基土很弱,合适的持力层较深,如果仍然采用上述基础形式,会造成基础深埋而不经济,这时通常采用桩基础,以下部坚实土层或岩层作为持力层。由于桩基础能够承受比较大而且复杂的荷载形式,能够适宜各种地质条件,因此常用于高层建筑、桥梁墩台、电视塔等对基础沉降有严格要求的建筑物。

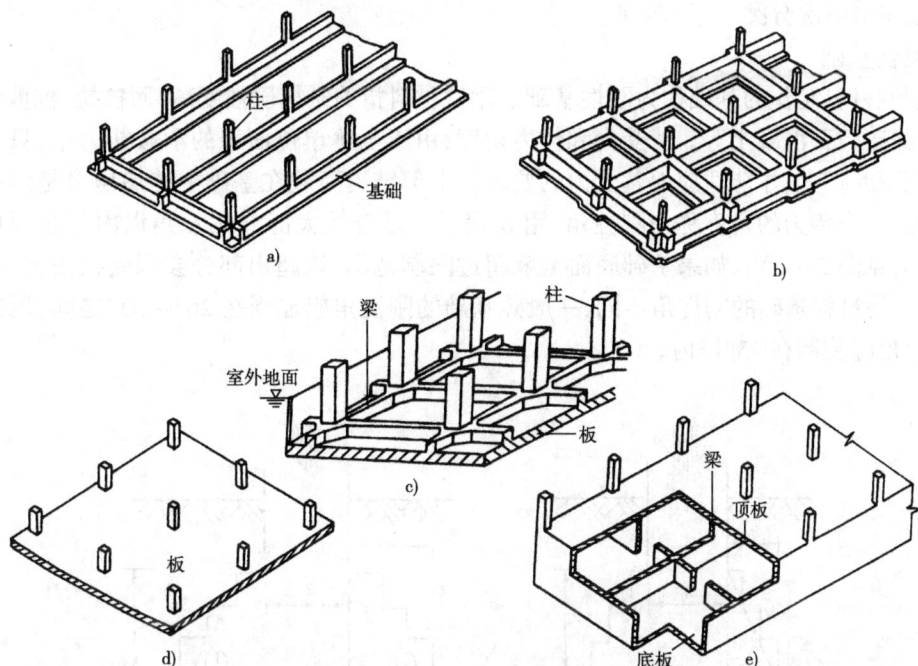

图 2-5 联合基础

a)柱下条形基础;b)柱下十字交叉基础;c)梁板式基础;d)板式基础;e)箱形基础

桩有很多分类方法,按桩的性状和竖向受力情况可分为摩擦桩和端承桩。摩擦桩的桩顶竖向荷载主要由桩侧阻力承受;端承桩的桩顶竖向荷载主要由桩端阻力承受;桩按材料不同可分为混凝土桩、钢桩、砂桩、木桩等。

我国采用较多的是钢筋混凝土桩。按施工方法不同,可分为下面几种形式:

(1)钢筋混凝土预制桩

先在工厂或现场把桩预制好,然后用打桩机打入到坚实的地基土层中。桩的断面可以为圆形管桩(直径不小于200mm),或为实心(空心)方桩(边长不小于200mm)。桩的长度一般不超过12m。预制桩施工方便,但造价高,打桩时有较大噪声,影响周围环境。

(2)钢筋混凝土灌注桩

在设计的桩位上钻孔,然后在孔内放钢筋骨架(也可不配筋)并浇注混凝土即成。灌注桩造价低,施工快,应用较多。

(3)钢筋混凝土爆扩桩

用机械或爆扩等方法形成孔,在孔内放入炸药,通过引爆扩大孔底,然后浇灌混凝土而成。爆扩桩的桩端呈球形,一般为桩身直径的2~3倍,桩长为5~7m,见图2-6。爆扩桩设备简单,施工

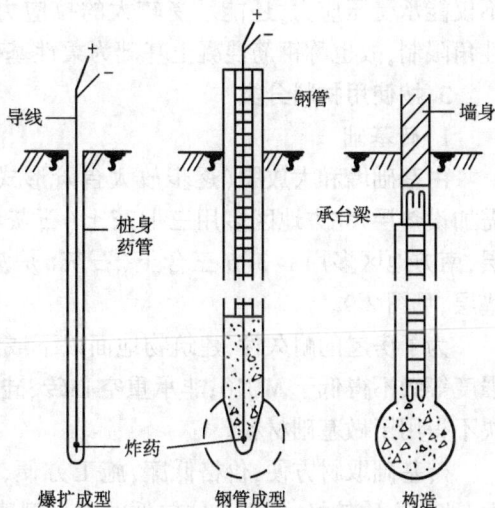

图 2-6 爆扩桩

11

速度快,比较经济,但质量不易保证。

2.按传力情况分类

1)刚性基础

用刚性材料制作的基础称为刚性基础。刚性材料指的是抗压强度高,而抗拉、抗剪强度低的材料,如砖、石、混凝土等。从受力和传力角度,由于土壤单位面积的承载能力小,只有将基础底面积不断扩大,才能适应地基受力的要求。上部结构荷载在基础中传递压力是沿一定角度扩散的,这个传力的角度称为刚性角,用 α 表示。基础放大部分在 α 角以内不会因材料受拉而破坏,见图 2-7 a)。如果基础底面宽度超过限制范围,该超出部分会因受拉而破坏,见图 2-7b)。不同材料基础的刚性角不同,一般砖基础的刚性角应控制在 26°~33°之间,混凝土基础的刚性角应控制在 45°以内。

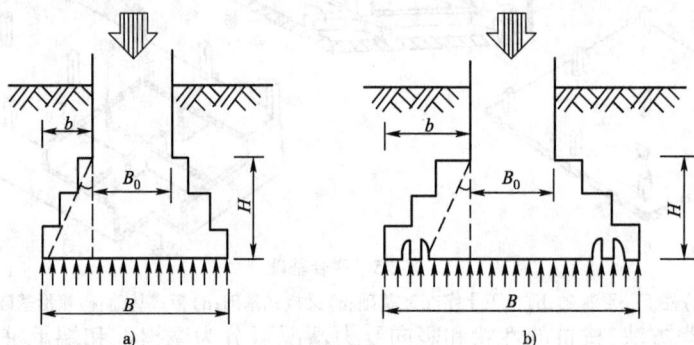

图 2-7 刚性基础

a)基础受力在刚性角范围以内;b)基础宽度超过刚性角范围而破坏

2)非刚性基础

当建筑物荷载较大而地基承载力较弱时,如果仍采用刚性基础,则必须加宽基础底面宽度,相应的基础埋深也要加大,使土方工程量和材料用量增加。因此,应采用钢筋混凝土基础,不仅能承受压应力,还能承受较大的拉应力,基础宽度不受刚性角限制,故也称钢筋混凝土基础为柔性基础,见图 2-8。

3.按使用材料分类

1)砖基础

由基础墙和大放脚(逐步放大台阶形式)组成。大放脚下需加设垫层,北方地区多用三七灰土(石灰:黄土 = 3:7)作垫层,南方地区多用 1:3:6 三合土(石灰:炉渣:碎石或碎砖)作垫层,见图 2-9。

为了房屋的耐久性,建筑物地面以下或防潮层以下的砖的强度等级不得低于 MU10;非承重空心砖、硅酸盐砖和硅酸盐砌块不得用于做基础材料。

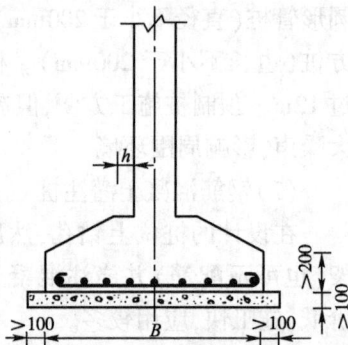

图 2-8 非刚性基础

(尺寸单位:mm)

砖基础取材方便,价格低廉,施工方便,但强度、耐久性、抗冻性较差,多用于上部荷载不大、地基土质较好、地下水位较低的中小型建筑。

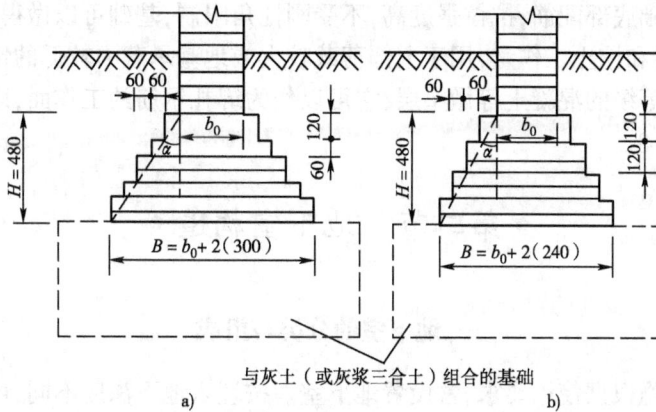

与灰土（或灰浆三合土）组合的基础

图 2-9 砖基础（尺寸单位：mm）

2）石基础

石基础有毛石基础和料石基础两种。毛石基础是用强度较高并且未风化的毛石砌筑。料石基础是用经过加工具有一定规格的石材砌筑而成。建筑物地面以下或防潮层以下的石材的强度等级不得低于 MU30。在产石地区就地取材，可以降低造价，见图 2-10。

为了保证结构质量，石基础砌筑时要求灰缝错开，灰浆饱满，宽度、高度不宜太小。毛石基础的宽度和台阶高度不得小于 400mm。石基础的耐久性、抗冻性很高，但毛石基础毛石间依靠砂浆粘结，结合力较差，其强度不如料石基础强度高。

3）混凝土基础及毛石混凝土基础

混凝土基础具有坚固耐久，强度高，防水性、抗冻性好等优点，适用于荷载较大的情况或潮湿的地基中。断面形式有矩形、阶梯形、梯形等，见图 2-11。

当混凝土基础体积较大时，为了节约水泥用量，可以在混凝土中填入 20%～30% 的毛石，即为毛石混凝土基础。毛石尺寸一般不大于 300mm，使用前应用水冲洗干净。

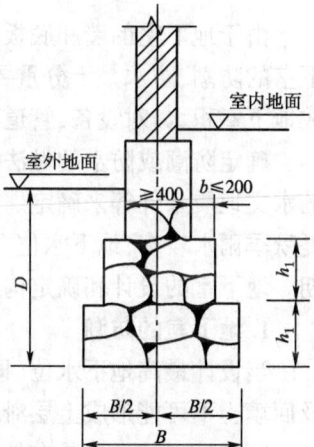

图 2-10 毛石基础（尺寸单位：mm）

4）钢筋混凝土基础

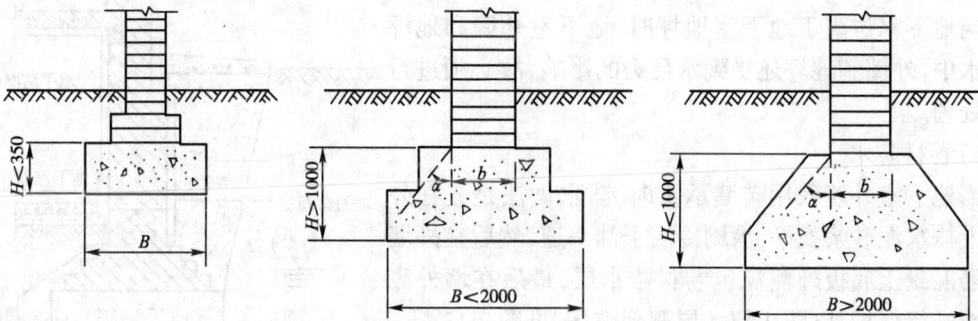

图 2-11 混凝土基础（尺寸单位：mm）

钢筋混凝土基础底部配筋,抗拉强度高,不受刚性角限制,基础可以做得较薄,与混凝土基础相比,可节省材料和挖土工作量,用于上部荷载较大或地基承载力较低的情况。基础底部常用碎石、砂、低强度等级的混凝土等做垫层,它可以作为绑扎钢筋的工作面,以保证底板钢筋混凝土的质量,见图2-8。

● 第二节　地下室构造 ●

一、地下室的分类与组成

当前许多建筑物根据使用要求,常设置地下室。按埋入地下深度不同,可分为全地下室和半地下室。按使用性质,可分为普通地下室和人防地下室。地下室由顶板、底板、墙板及门窗、楼梯等组成。

二、地下室防潮与防水构造

由于地下室的墙和底板埋在土壤中,有时浸在地下水里或和地下水位十分接近,因此,地下室的防潮、防水是十分重要的问题。如果解决得不好,会影响地下室的正常使用,严重时造成地下室积水,对设备、管道等进行侵蚀,甚至影响到建筑物的耐久性。

确定防潮或防水的做法要根据建筑物的标准、结构形式、施工技术条件、材料供应和有关的水文地质条件等来确定。其中最重要的是地下水的情况。地下水位在一年之中有涨有落,夏秋季雨水较多,地下水位上升,此时为丰水期;冬春季雨水较少,地下水位下降,此时为枯水期。地下室的设计和确定构造做法应按最不利的情况考虑。

1. 地下室的防潮

当设计最高地下水位(即丰水期水位)低于地下室地板0.3～0.5m,且基地范围内的土壤及回填土不可能形成上层滞水时,这时只需做防潮处理。

防潮处理的做法是在外墙外侧设垂直防潮层,即先在墙外表面抹水泥砂浆找平后,涂一道冷底子油,再涂刷二道热沥青。同时,地下室所有的墙体都设二道水平防潮层,分别位于地下室地坪附近和地下室顶板下高出散水150mm左右。然后在墙外侧四周500mm左右回填低渗透性土壤,如粘土、灰土等,并逐层夯实,见图2-12。

2. 地下室的防水

当地下水位高于地下室地坪时,地下室外墙和地坪浸在水中,外墙和地坪还受到水压力的影响,故必须进行防水处理。

1) 卷材防水

当地下室外墙采用砖墙承重时,防水做法是先在外墙面上抹水泥砂浆找平,涂刷冷底子油一道,然后在外墙和钢筋混凝土底板外侧满包卷材防水层,最后在墙外砌半砖墙进行保护,以防止防水层遭到破坏,见图2-13。

2) 防水混凝土防水

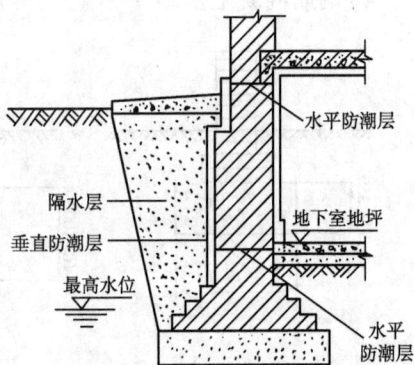

图2-12　地下室的防潮处理

实际上,大多数地下室墙体采用钢筋混凝土墙。这时,可将墙板和底板都用防水钢筋混凝土制作。防水钢筋混凝土外墙和底板均不宜太薄,一般外墙厚应为 200mm 以上,底板厚在 150mm 以上,否则会影响抗渗效果。为防止地下水对混凝土的侵蚀,墙的外侧应抹水泥砂浆,然后涂刷热沥青,见图 2-14。

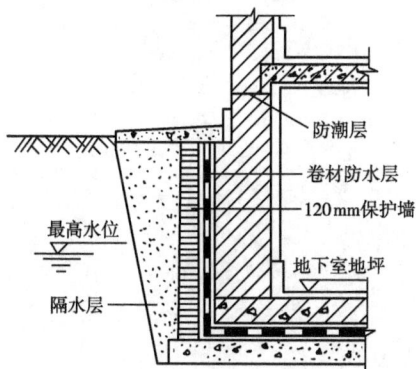

图 2-13　地下室的卷材防水构造

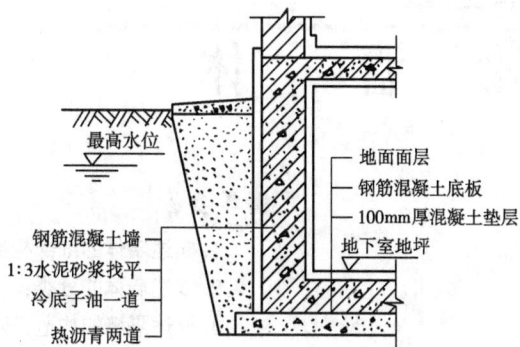

图 2-14　防水混凝土做地下室的处理

本 章 小 结

基础是建筑物的组成部分,承受建筑物上部的全部荷载。地基不是建筑物的组成部分,可分为天然地基和人工地基。

建筑物的用途及上部荷载的大小、地基土土质的好坏、地下水位的高低、土的冰冻深度、新旧建筑物的相邻关系等,都会影响基础的埋深。

按基础的构造形式不同,基础可分为条形基础、独立基础、联合基础、桩基础;按材料和受力特点不同,可分为刚性基础和非刚性基础;按使用材料不同,可分为砖基础、石基础、混凝土基础和毛石混凝土基础、钢筋混凝土基础。

地下室的防潮、防水处理十分重要。当最高水位低于地下室地坪时,只需做防潮处理,否则应作防水处理,构造措施主要有卷材防水和防水混凝土防水。

复习思考题

1.什么是基础?什么是地基?两者有什么区别?

2.什么是天然地基和人工地基?

3.影响基础埋置深度的因素有哪些?

4.基础的类型有哪些?各自的适用条件是什么?

5.地下室防潮的做法是什么?防水做法是什么?

第三章
墙 体

教学要求

1. 描述墙体的细部构造;
2. 叙述墙体的分类;
3. 描述隔墙的构造,墙面装修的做法;
4. 绘制墙体细部构造图。

● 第一节　墙体的类型 ●

在一般砖混结构房屋中,墙是主要的承重和围护构件。砖墙重量占房屋总重量的 40% ~ 65%,造价占总造价的 30% ~ 40%。在框架结构房屋中,墙仅是围护构件,但在整个建筑物中所占的造价比重也较大。因此,在工程设计中,合理地选用墙体材料,进行合理的结构布置,采用合适的构造做法是十分重要的。

一、墙体的类型

1. 按墙体所处位置分

按墙在建筑平面上所处位置不同,可分为内墙和外墙。凡处于房屋内部的墙称为内墙,主要起分隔房间的作用。凡位于房屋四周的墙称为外墙,能抵御外部侵袭,起着挡风、阻雨、保温、隔热等围护作用,因此又叫外围护墙。另外按墙沿建筑平面中的方向布置不同可分为横墙和纵墙,横墙是沿建筑物短轴方向布置的墙,其中外横墙又称为山墙;沿建筑物长轴方向布置的墙叫纵墙,纵墙又有外纵墙与内纵墙之分,见图 3-1。

2. 按受力情况分

按受力情况,墙可分为承重墙和非承重墙。凡直接承受楼板、屋顶传来荷载的墙叫承重墙。不承受上部荷载的墙叫非承重墙,包括隔墙、框架填充墙和幕墙。隔墙只起分隔房间的作用,其重量由楼板层或梁承受;框架结构中的墙不承受外部荷载,自重由框架承受,墙只起分隔或围护作用,叫框架填充墙;幕墙是指悬挂于外部骨架或楼板间的轻质外墙。

3. 按材料和构造方式分

按所使用材料不同,墙可分为砖墙、石墙、土墙、混凝土墙等。在建筑设计中墙体的材料应根据不同的要求因地制宜地选用。一般内隔墙应选用轻质高强,有良好的隔声、防火、防水性能的材料,且有良好的经济性。外承重墙一般多为砖墙和混凝土材料。不承重外墙常常采用

16

轻质、保温隔热性能良好、具有一定强度和良好的防水防腐蚀性和耐久性好的材料。

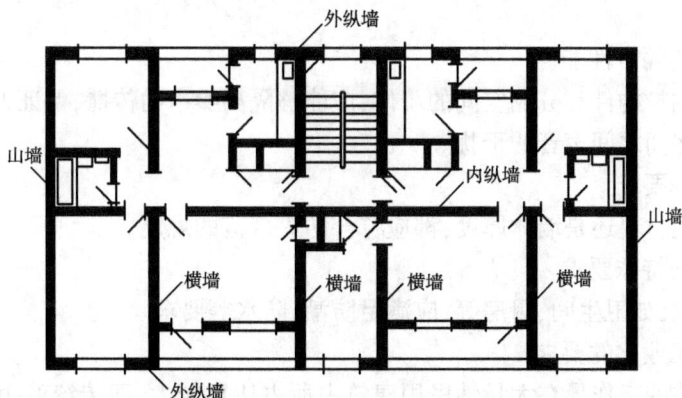

图 3-1 墙的分类

按构造方式分可分为实体墙、空体墙、组合墙。实体墙是用单一材料组成,砌成实体的墙,如普通砖墙、石墙、实心砌块墙等。空体墙是由单一材料组成,内部砌成空腔的墙,如空斗砖墙,或指用具有孔洞的砌块建造的墙,如空心砌块墙。组合墙是由两种以上材料组合而成的墙,如混凝土墙等。

4. 按施工方法分

按施工方法,墙可分为块材墙、板筑墙和装配式墙。块材墙是利用胶结材料将各种块材按一定方式组砌而成的墙体,如砖墙、石墙、砌块墙等。板筑墙是在现场立模板,然后在模板内浇注材料捣实而成的墙体,如现浇混凝土墙等。装配式墙是将预制成的墙板构件运到施工现场安装而成的墙,如预制混凝土大板墙等。

二、墙体的要求

根据墙体所处位置和功能不同,墙体应满足以下要求:

1. 结构方面的要求

墙体应具有足够的强度和稳定性。强度是指墙体承受荷载的能力。对墙承重体系中的承重墙,应有足够的强度来承受楼板及屋顶的竖向荷载。墙的强度与所用材料有关,如砖墙与砖、砂浆的强度等级有关。稳定性是指墙体抵抗变形的能力。墙体的稳定性与墙的长度、高度、厚度以及纵、横向墙体间的距离有关。其中,墙体的高厚比(墙的计算高度与墙厚的比值)是保证墙体稳定的重要因素,高厚比越大,稳定性越差。因此实际工程高厚比必须控制在允许高厚比限值以内。同时,为保证墙体具有足够的强度及稳定性,需处理好墙与框架的连接、墙与柱的连接、墙与墙的连接等。

2. 功能方面的要求

1)具有一定的保温、隔热性能

北方寒冷地区的外墙应具备足够的保温能力。可通过增加外墙厚度(但太厚也不经济);选用孔隙率高、导热系数小、密度小的材料做围护外墙(不能做承重墙);采用多种材料的组合墙等措施来提高保温能力。同时还应防止在外墙内侧出现凝结水。

南方炎热地区要求外墙应具有一定的隔热能力。除建筑平面设计上考虑朝向、通风外,还可以采用热阻大的材料做外墙,如砖墙等,外墙面装修选用浅色、平滑的材料,增加对太阳的反射能力等。

2)具有一定的隔声性能

作为房屋的围护构件和分隔空间的墙体,应能够隔离噪声的传播,保证人们的工作和生活不受噪声或相邻房间之间声音的干扰。

3)满足防火的要求

无论墙体所用材料还是墙体厚度,都应符合防火规范的规定。

4)特殊房间的特殊要求

一些特殊房间,如卫生间、厨房等,应满足防潮、防水等要求。

5)满足建筑工业化的要求

由于建造墙体的工作量在大量性民用建筑中所占比重较大,而传统的手工操作已满足不了建筑工业化的要求,因此必须进行墙体的改革,提高机械化施工程度,并采用轻质、高强的墙体材料,减轻自重,降低成本。

●第二节 砖 墙 构 造●

一、砖墙材料

砖墙是由砂浆将砖块按一定规律砌筑而成的砌体。主要用料是砖和砂浆。

1.砖

砖的种类很多,按材料不同有粘土砖、炉渣砖、灰砂砖、页岩砖、水泥砖、煤矸石砖、粉煤灰砖等。按形状不同有实心砖、空心砖、多孔砖等。常用的砌筑用砖有:

1)烧结普通砖、烧结多孔砖

(1)烧结普通砖

烧结普通砖是以粘土、页岩、粉煤灰、煤矸石等为主要原料,经过焙烧而成的普通实心砖。烧结实心粘土砖曾经是我国主要使用的墙体材料,尤其是红砖。但由于粘土砖占用农田,破坏耕地,所以已被限制使用,自2003年7月1日起不得用于各直辖市、沿海地区的大中城市和人均占有耕地面积不足0.8亩的省份的大中城市的新建工程。

烧结普通砖的规格尺寸全国统一为240mm×115mm×53mm,具有这种尺寸的砖称为"标准砖",砌筑时加上10mm灰缝,厚度、宽度、长度的比值为1:2:4。

(2)烧结多孔砖

烧结多孔砖是以粘土、页岩、煤矸石为主要原料,经过焙烧而成的,孔洞率大于25%,主要用于承重部位。

烧结普通砖和烧结多孔砖分为MU30、MU25、MU20、MU15、MU10五个强度等级。

2)蒸压灰砂砖和蒸压粉煤灰砖

蒸压灰砂砖是用石灰、砂为主要原料充分混合加压成型后,在高压蒸汽条件下养护而成的砖,孔洞率大于15%。

蒸压粉煤灰砖是以粉煤灰为主要原料经高压蒸汽养护而制成的砖。

这两类砖不得用于受热 200℃ 以上、受急冷急热和有酸性介质侵蚀的建筑部位。

蒸压灰砂砖和蒸压粉煤灰砖分为 MU25、MU20、MU15、MU10 四个强度等级。

2.砂浆

砌筑墙体的砂浆常用的有水泥砂浆、石灰砂浆和混合砂浆三种。水泥砂浆强度高,防潮性好,可用来砌筑潮湿环境的砌体。石灰砂浆强度较低且不防潮,但和易性好,用于砌筑地面以上要求不高的砌体。混合砂浆强度较高,和易性和保水性好,较广泛地应用于地面以上砌体中。

砂浆的强度等级分为:M15、M10、M7.5、M5 和 M2.5。

3.砖墙的组砌方式

砖墙的组砌方式指砖块在砌体中的排列方式。组砌的关键在于上下错缝,内外搭接,避免通缝(墙体表面或内部的垂直缝处于一条线上),错缝的长度一般应大于 60mm,同时考虑少砍砖和砌筑的方便。砖砌体水平灰缝的砂浆饱满度不得低于 80%,砂浆饱满、厚薄均匀,严禁用水冲浆灌缝。

在砖墙的组砌中,把砖的长方向垂直于墙面砌筑的砖称为丁砖,把砖的长度平行于墙面砌筑的砖称为顺砖。目前常用的组砌方式有全顺、两平一侧、一顺一丁、三顺一丁、梅花丁等,见图 3-2。

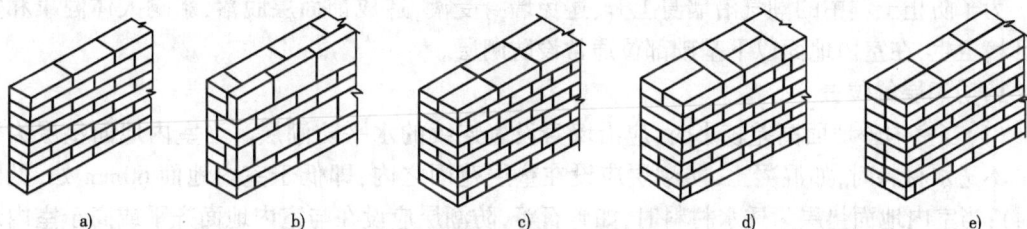

图 3-2 砖墙的组砌方式
a)全顺;b)两平一侧;c)一顺一丁;d)梅花丁;e)三顺一丁

4.砖墙的厚度与尺寸

用标准砖砌筑墙体,加上 10mm 的灰缝,在长、宽、高方面成倍数的关系,可以方便地组砌成多种厚度的墙体,而且可以做到有规律地错缝搭接。窗间墙和门垛尺寸应符合砖的模数,减少砍砖浪费。

砖墙厚度和名称见表 3-1。

墙体厚度与名称

表 3-1

墙厚名称	习惯称呼	墙厚(mm)	墙厚名称	习惯称呼	墙厚(mm)
半砖墙	12 墙	115	一砖半墙	37 墙	365
3/4 砖墙	18 墙	178	两砖墙	49 墙	490
一砖墙	24 墙	240			

墙厚与砖规格的关系见图 3-3。

那么,墙体的厚度是如何确定的?

南方地区,墙的厚度主要根据承重的要求来确定。通过结构计算考虑了荷载的大小和性质、层高及横墙的间距、门窗洞的大小及数量等因素来设计墙的厚度,使它具有一定的强度和稳定性,以保证房屋的坚固和安全。一般情况下若仅从结构计算的角度来考虑,四~五层民用建筑的承重墙采用240mm就能满足。

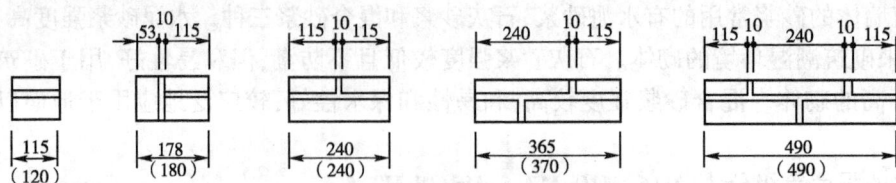

图3-3 墙厚与砖规格的关系(尺寸单位:mm)

注:( )内尺寸为标志尺寸

北方地区,墙的厚度主要根据保温的要求来确定,即使一般的平房,荷载并不大,砖墙的厚度也要做到370mm甚至490mm。这无疑是一种浪费。因此进行墙体改革才是统一承重与保温功能的唯一出路。

二、墙身细部构造

1. 墙身防潮

为了防止土壤中的潮气沿墙身上升,避免墙身受潮,造成饰面层脱落,影响人体健康和室内环境卫生,在室内地面以下基础部位通常设防潮层。

1)防潮层的位置

(1)当室内外地面高差较小时,应沿墙身设置连续的水平防潮层。当室内地面垫层为密实的不透水材料时,如混凝土,防潮层应设在垫层范围之内,即低于室内地面60mm处,见图3-4a);当室内地面垫层为透水材料时,如碎石等,防潮层应设在与室内地面齐平或高于室内地面60mm处,能有效地起到防潮作用,见图3-4b)。

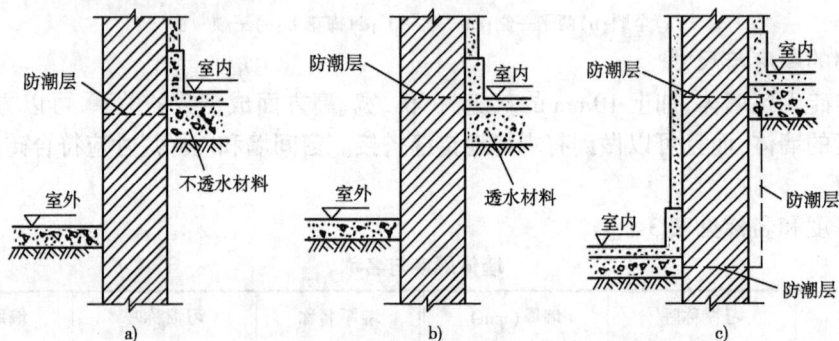

图3-4 防潮层的位置

a)地面垫层为密实材料;b)地面垫层为透水材料;c)墙两侧地面高差较大时

(2)当墙两侧地面高差较大时,应在墙身内设置高低二道水平防潮层,并在土壤一侧设置垂直防潮层。一般做法是先用水泥砂浆抹灰,再涂一道冷底子油和二道热沥青(或用防水砂浆抹面),见图3-4c)。

2)防潮层的做法

（1）油毡防潮层

先抹 20mm 厚水泥砂浆找平层，然后用热沥青粘贴一毡二油。这种做法防潮效果好，但有油毡隔离，削弱了砖墙砌体的整体性，不宜用于地震区的建筑和刚度要求高的建筑，同时油毡使用寿命一般为 20 年左右，长期使用将失去防潮效果，目前已较少采用。

（2）防水砂浆防潮层

抹一层 20~25mm 厚防水砂浆或用防水砂浆砌 2~4 皮砖。防水砂浆是在水泥砂浆中加入 3%~5% 的防水剂。这种做法构造简单，与砖粘结较好，适用于抗震设防地区和一般砖砌体中。但砂浆易干缩裂缝，影响防潮效果，故不适用于地基会产生微小变形的建筑中。

（3）细石混凝土带防潮层

采用 60mm 厚的细石混凝土防潮带，内配 3φ6 或 3φ8 钢筋。这种做法抗裂性能好，能与砌体很好地结合，适用于整体刚度要求较高的建筑中。

如果墙脚采用不透水的材料（如条石或混凝土等），或设有钢筋混凝土地圈梁时，可以不设防潮层。

2. 勒脚

勒脚是外墙墙身与室外地面接近的部分，其高度一般为室内地坪与室外地面的高差部分，也有的将勒脚高度提高到窗台部位，起保护墙身和美观作用。勒脚这个部位容易受到外界碰撞，以及房檐滴水、地面雨雪的侵溅，长久下来，使墙体受潮，墙材风化，影响建筑物的耐久和美观。所以勒脚部位必须采取适当的保护措施。

勒脚一般采用如下几种做法：

1）抹灰类勒脚

在勒脚部位外抹 20mm 厚 1:3 水泥砂浆或做 1:2 水泥石子浆水刷石或做斩假石等，也可将墙体适当加厚，效果更好。这种做法造价经济，施工简单，用于一般性建筑，见图 3-5a）。

2）贴面类勒脚

标准较高的建筑可用天然或人工石材贴面，如花岗岩、水磨石板、瓷砖等，这种做法耐久性强，装饰效果好，见图 3-5b）。现在大部分房屋外墙进行整体贴面装修，则勒脚部位不必单独设置，一并包含在内。

3）坚固材料勒脚

采用坚固、防水性好的材料砌筑勒脚，如用条石、毛石等进行砌筑，或用混凝土等材料代替砖勒脚，效果较好，造价低廉，见图 3-5c）。

3. 散水、明沟

为了使地面雨水迅速排走，防止雨水渗入墙身和基础，沿外墙四周常做散水或明沟，起到保护墙基的作用。

散水是沿外墙四周向外倾斜的坡面，坡度约 3%~5%，宽度为 600~1000mm。当屋面排水方式为自由落水时，散水宽度应比房屋出檐多出 200mm。散水与外墙交接处应设分格缝，缝内填入沥青麻丝，再用沥青砂浆抹缝，防止外墙下沉时将散水拉裂。散水所用材料多为现浇混凝土，见图 3-6a）。简易散水也可用砖砌，水泥砂浆抹面，见图 3-6b）。

明沟是将积水引向下水道，一般在年降水量大的地区采用。材料可用混凝土现浇，或用砖砌、石砌，沟底应做纵坡，坡度约 1%，坡向集水井，见图 3-7。

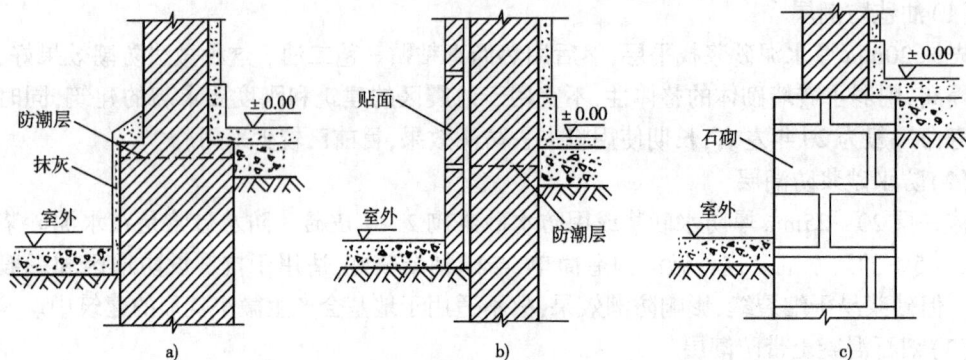

图 3-5 勒脚
a)抹灰;b)贴面;c)石材

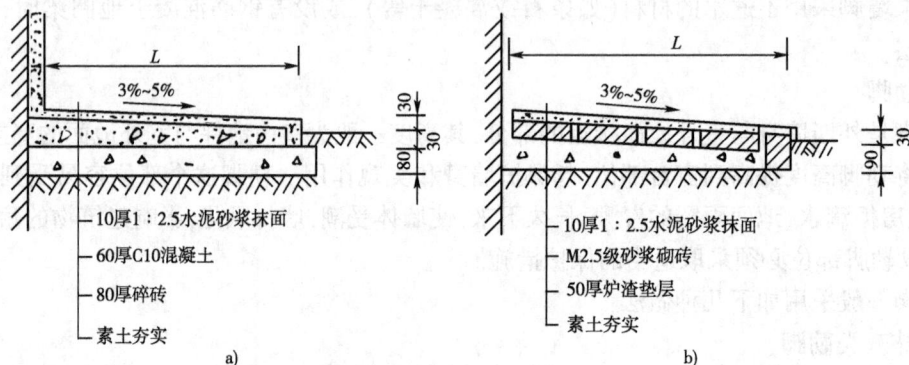

图 3-6 散水(尺寸单位:mm)
a)混凝土散水;b)砖铺散水

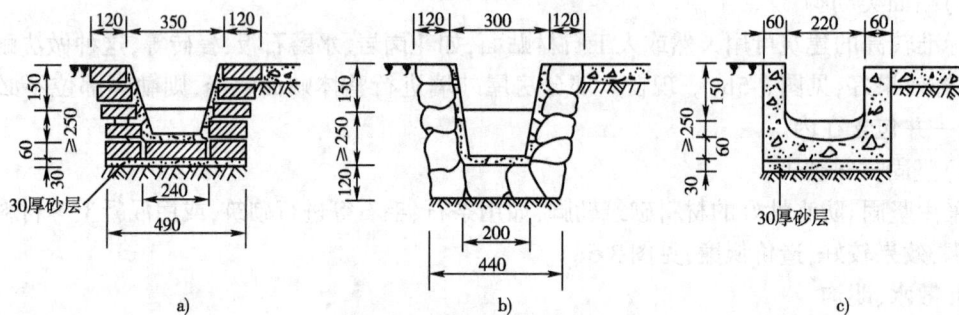

图 3-7 明沟(尺寸单位:mm)
a)砖砌明沟;b)石砌明沟;c)混凝土明沟

4. 过梁

当墙体上开设门窗洞口时,为了支承洞口上部砌体传来的荷载,并把荷载传给洞口两侧的墙上,常在门窗洞口上方设置过梁。过梁的形式有以下几种:

1)钢筋混凝土过梁

钢筋混凝土过梁可以承受较大的荷载,一般用于较宽的洞口,对于有较大振动荷载或可能产生不均匀沉降的房屋,必须采用钢筋混凝土过梁。

过梁两端伸入墙内的支承长度每边不小于240mm。宽度一般与墙厚相同,高度按计算确立,但应与砖的皮数相适应,常用的为60mm、120mm、180mm、240mm等。过梁断面形式有矩形和L形,见图3-8。钢筋混凝土过梁可以在洞口上支模现浇,也可预制,预制装配过梁施工速度快,较为常用。

2）砖砌平拱过梁

砖拱过梁是我国传统作法,采用竖砌的砖作为拱券,见图3-9。它的优点是不用钢筋,节约水泥。砖砌平拱用竖砖砌筑部分的高度,不应小于240mm,拱两端下部伸入墙内20～30mm。平拱砖过梁承载能力小,跨度不宜超过1.2m。这种形式施工麻烦,整体性较差,当过梁上有集中荷载或振动荷载以及地基存在不均匀沉降时,不宜采用。

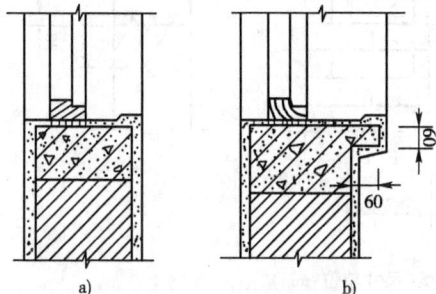

图3-8 钢筋混凝土过梁
a）矩形断面过梁;b）L形断面过梁

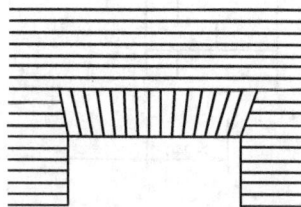

图3-9 平拱砖过梁

3）钢筋砖过梁

钢筋砖过梁是在洞口处先支模板,然后在砌墙过程中在洞口顶部配入钢筋,形成能承受弯矩的加筋砌体。钢筋沿墙厚每120mm放置一根,其直径不应小于5mm,通常为6mm,放置在洞口上部一、二皮砖之间,也可在第一皮砖下的砂浆层内（砂浆层厚度≥30mm）放置。钢筋两端伸入墙体内的长度不宜小于240mm,并加弯钩。在过梁高度范围内（一般不少于5皮砖,约为洞口宽度的1/4）,用不低于M5级水泥砂浆砌筑。这种做法多用于跨度小于1.5m的清水墙的门窗洞口上,见图3-10。

5. 窗台

窗台的作用是排除沿窗面流下的雨水,防止其聚集窗下并渗入室内。

窗台有悬挑窗台和不悬挑窗台两种,现今大部分建筑物都设计为不悬挑窗台,利用雨水将墙面冲洗干净。从所用材料分,有砖砌窗台和混凝土窗台。砖砌窗台施工简单,应用广泛。砖砌窗台一般有60mm厚平砌挑砖窗台和120mm厚侧砌挑砖窗台。混凝土窗台可为现场浇注或预制安装而成,见图3-11。

砖砌悬挑窗台一般向外悬挑60mm,下部抹出半圆形的滴水槽或斜抹水泥砂浆,使雨水垂直下落而不致污染墙面。窗台表面可抹灰或做贴面处理,并且一般要有10%左右向外倾斜的坡度。必须注意抹灰与窗下槛的交接处理,防止雨水沿此处渗入室内。

6. 墙身加固

当墙体受到集中荷载、开洞、墙体过长以及地震等因素的影响,致使墙体稳定性有所下降,这时要采取一定的加固措施。

1)增设壁柱和门垛

当墙体的窗间墙上出现集中荷载,而墙厚又不足以承担其荷载;或当墙体的长度和高度超过一定限度并影响墙体稳定性时,常在墙体局部适当位置增设壁柱。壁柱凸出墙面,尺寸一般为 120mm×370mm,240mm×370mm,240mm×490mm 等,见图 3-12a)。

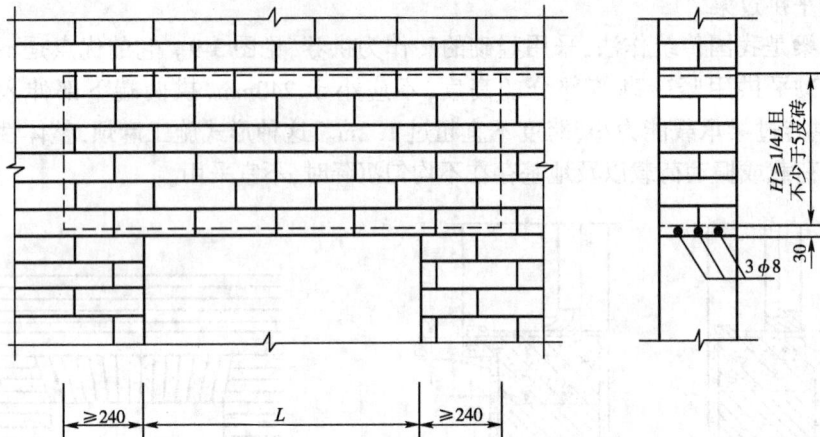

图 3-10　钢筋砖过梁(尺寸单位:mm)

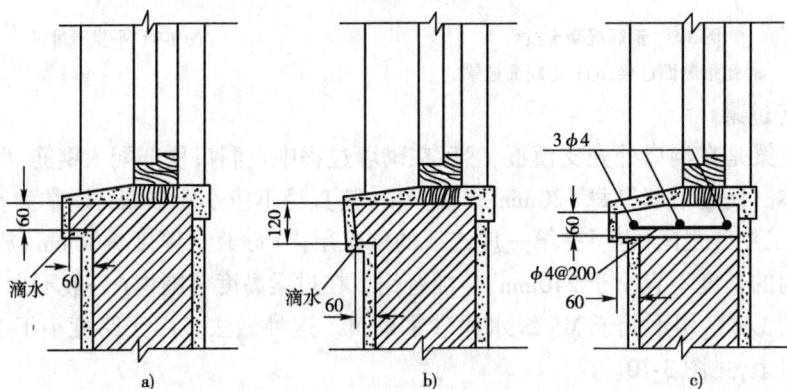

图 3-11　窗台构造(尺寸单位:mm)
a)60 厚砖窗台;b)120 厚砖窗台;c)混凝土窗台

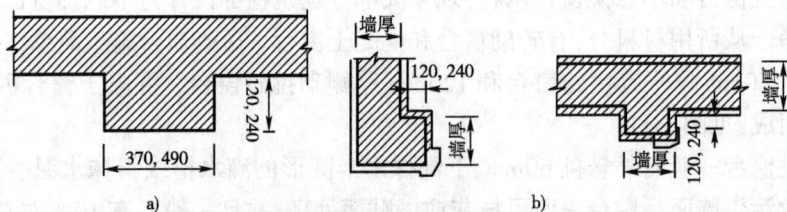

图 3-12　壁柱和门垛(尺寸单位:mm)
a)壁柱;b)门垛

当门洞开在两墙转角处或丁字墙交接处,为便于安装门框,保证墙体稳定,须在门洞靠转角部位或丁字交接的一边设置门垛,见图 3-12b)。

2)圈梁

圈梁是沿外墙四周、内纵墙及部分横墙连续设置的闭合梁,在水平方向像腰箍一样把墙箍住。其作用是增强房屋的整体刚度和稳定性,减轻由于地基不均匀沉降或较大的振动荷载等对房屋引起的不利影响。

根据《砌体结构设计规范》(GB 50003—2001)的规定,圈梁设置的位置和数量如下:车间、仓库、食堂等空旷的单层房屋,对砖砌体房屋,檐口标高 5~8m 时,应在檐口标高处设圈梁一道;檐口标高大于 8m 时,宜适当增设。宿舍、办公楼等多层砖砌体房屋,层数为 3~4 层时,宜在檐口标高处设置圈梁一道,当层数超过 4 层时,应在所有纵横墙上隔层设置。

采用现浇钢筋混凝土楼(屋)盖的多层砌体结构房屋,当层数超过 5 层时,除在檐口标高处设置一道圈梁外,可隔层设置圈梁,并与楼(屋)面板一起现浇。

圈梁有钢筋混凝土圈梁和钢筋砖圈梁两种。

对圈梁有如下的构造要求:

(1)圈梁宜连续地设置在同一水平面上,并形成封闭状。当圈梁被门窗洞口截断时,应在洞口上部增设相同截面的一道附加圈梁。附加圈梁与圈梁的搭接长度应大于其垂直间距的 2 倍,且不得小于 1m,见图 3-13。但抗震设防区圈梁应完全闭合,不得被洞口截断。

(2)纵横墙交接处的圈梁应有可靠的连接。

(3)钢筋混凝土圈梁的宽度宜同墙厚,当墙厚≥ 240mm 时,圈梁的宽度不宜小于墙厚的三分之二。圈梁的高度不应小于 120mm,纵向钢筋不应小于 4φ10,箍筋间距不宜大于 300mm。

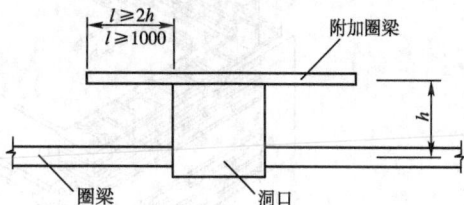

图 3-13 附加圈梁(尺寸单位:mm)

(4)钢筋砖圈梁采用不低于 M5 的砂浆砌筑,圈梁高度为 4~6 皮砖,纵向钢筋不少于 6φ6,水平间距不宜大于 120mm,钢筋应分上下二层设在圈梁顶部和底部的水平灰缝内。

3)构造柱

在 6 度以上地震设防区,为了增强建筑物的整体刚度和稳定性,在多层砖混结构房屋的墙体中,必须设置钢筋混凝土构造柱。构造柱与圈梁及墙体紧密联结,使整幢建筑物形成空间骨架,加强了墙体的应变能力,由脆性变为具有一定的延伸性,做到裂而不倒。

根据《建筑抗震设计规范》(GB 50011—2001)的要求,多层砖房构造柱的设置部位见表 3-2。

砖房构造柱设置要求　　　　　　　　　　　　　　表 3-2

房屋层数				设 置 部 位	
6 度	7 度	8 度	9 度		
四、五	三、四	二、三		外墙四角,错层部位横墙与外纵墙交接处,大房间内外墙交接处,较大洞口两侧	7、8 度时,楼、电梯间的四角;隔 15m 或单元横墙与外纵墙交接处
六、七	五	四	二		隔开间横墙(轴线)与外纵墙交接处,山墙与内纵墙交接处;7~9 度时,楼、电梯间的四角
八	六、七	五、六	三、四		内墙(轴线)与外墙交接处,内墙的局部较小墙垛处;7~9 度时,楼、电梯间的四角;9 度时内纵墙与横墙(轴线)交接处

对构造柱的构造要求如下：

(1)柱最小截面尺寸为 180mm×240mm，纵向钢筋宜采用 4ϕ12，箍筋间距不宜大于250mm，且在柱上下端宜适当加密；7 度时超过六层、8 度时超过五层和九度时，构造柱纵向钢筋宜采用 4ϕ14，箍筋间距不应大于 200mm，房屋四角的构造柱可适当加大截面和配筋。

(2)构造柱与墙连接处宜砌成马牙槎，沿墙高每隔 500mm 设 2ϕ6 拉结筋，每边伸入墙内不宜少于 1m。

(3)构造柱应与圈梁连接，连接处构造柱的纵筋应穿过圈梁，保证构造柱纵筋上下贯通。

(4)构造柱可不单独设置基础，但应伸入室外地面下 500mm，或锚入埋深浅于 500mm 的基础圈梁内。

(5)墙与柱之间施工时先放钢筋骨架，再砌墙，随墙体上升逐段现浇混凝土柱身，见图 3-14。

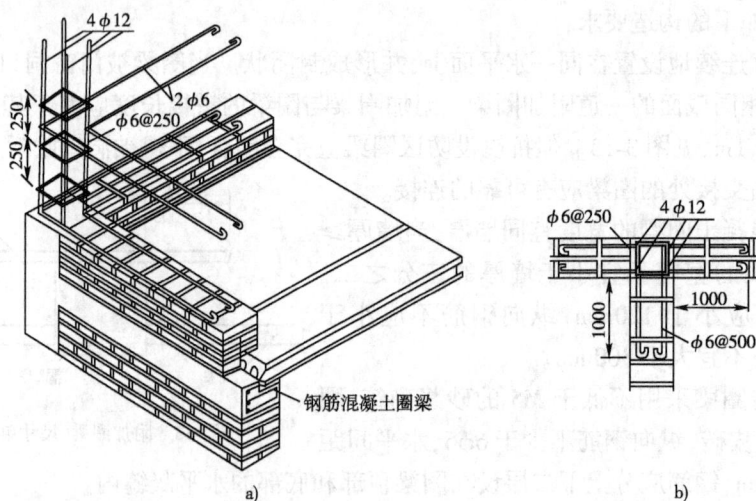

图 3-14　构造柱(尺寸单位：mm)
a)外墙转角处；b)内外墙交接处

● 第三节　隔墙和墙面装修 ●

一、隔　墙

隔墙是分隔室内空间的非承重的内墙。隔墙能使房屋平面布局灵活多变，满足人们对房屋的使用功能要求，在现代建筑中得到大量采用。隔墙应满足以下要求：

(1)由于隔墙不承受任何荷载，其本身重量还须由楼板或小梁来承受，因此，自重应越轻越好。

(2)墙的厚度越薄越好，少占室内面积。

(3)便于拆卸，能随使用要求的改变而变化。

(4)有一定的隔声能力，使各房间互不干扰。

(5)根据房间功能不同,应具有防水(厕所)、防火(厨房)等能力。

常见的隔墙形式有砌筑隔墙、骨架隔墙、板材隔墙三大类。

1.砌筑隔墙

砌筑隔墙是由普通砖、空心砖、各种轻质砌块等块材砌筑的墙体,常见的有普通砖隔墙和砌块隔墙。

1)普通砖隔墙

普通砖隔墙有半砖隔墙(120mm)和1/4砖隔墙(60mm)两种。

半砖隔墙是由普通粘土砖顺砌而成,它一般能满足隔声、防火、防水的要求。砌筑时砂浆强度等级宜大于 M2.5,墙体高度超过5m时应加固,一般沿高度每隔0.5m在墙内砌入 $\phi6$ 钢筋2根,伸入墙内长度不小于500mm,或每隔1.2～1.5m设一道30～50mm厚的水泥砂浆层,加 $2\phi6$ 钢筋予以加固。隔墙上部与楼板相接处用立砖斜砌,使墙和楼板挤紧。隔墙上有门时,要用预埋铁件或带有木楔的混凝土预制块砌入砖墙中,将门框与砖墙拉结牢固,见图3-15。半砖隔墙坚固耐久,有一定的隔声能力,但自重大、湿作业多、施工麻烦。

1/4砖隔墙是由普通砖侧砌而成,由于厚度薄、稳定性差,需用强度等级不低于 M5.0 的砂浆砌筑。隔墙的长度不宜超过3.0m,高度不宜超过2.8m,多用于厨房、卫生间之间的隔墙。

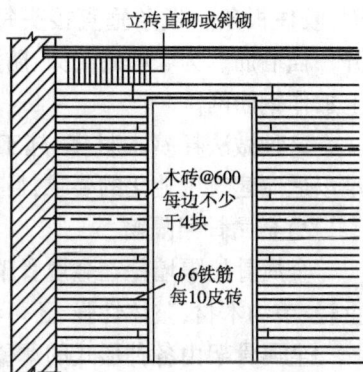

图3-15 半砖隔墙

（图中标注：立砖直砌或斜砌；木砖@600每边不少于4块；$\phi6$铁筋每10皮砖）

2)砌块隔墙

为减轻隔墙的重量,可采用砌块隔墙。砌块隔墙常用加气混凝土块、粉煤灰硅酸盐砌块、水泥炉渣空心砖等砌筑而成。砌块具有质轻、孔隙率大、隔热性好等优点。砌块隔墙的厚度由砌块尺寸定,一般为 90～120mm,为了加强稳定性,一般沿墙身每隔1m左右加设混凝土带一道,与砖墙连接处每隔0.5m左右用 $\phi6$ 钢筋拉固,见图3-16。

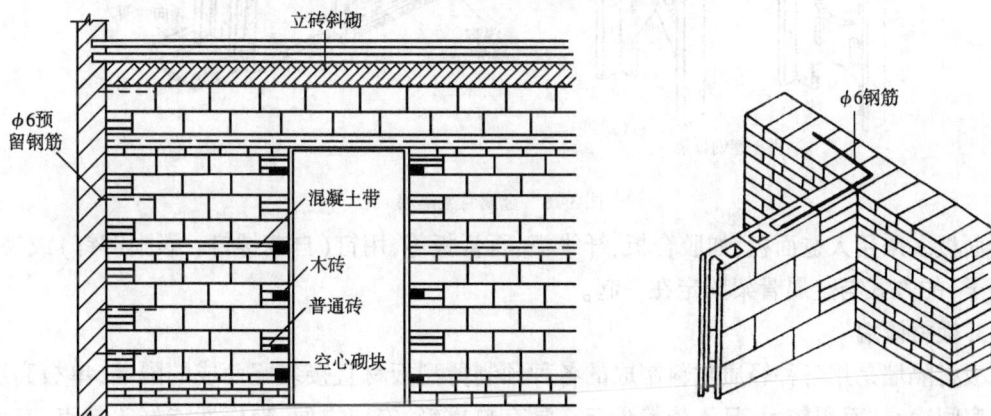

（图中标注：立砖斜砌；$\phi6$预留钢筋；混凝土带；木砖；普通砖;空心砌块；$\phi6$钢筋）

图3-16 砌块隔墙

2.骨架隔墙

骨架隔墙由骨架和面层组成。骨架形式常用的有木骨架和金属骨架两类。

1）木骨架隔墙

木骨架隔墙的木骨架由上槛、下槛、墙筋（龙骨）、斜撑及横档组成。

木骨架隔墙的面层常为抹灰面层，即传统的板条抹灰隔墙，见图3-17。也可在骨架上铺钉各种装饰吸声板、钙塑板、胶合板、纤维板等。

板条抹灰隔墙的做法是在墙筋上钉木板条，板条间距7～10mm，使底灰挤入板条缝隙的背面，咬住板条。板条垂直接头每隔1m左右要错开一档墙筋。为了提高耐火、防潮性能，常在板条上加作钢筋网。

这种做法耗费木材多，施工复杂，湿作业多，难以适应建筑工业化的要求，目前已较少采用。

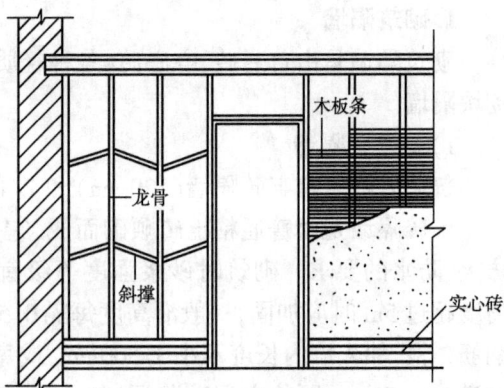

图3-17 灰板条隔墙

2）金属骨架隔墙

金属骨架隔墙是在金属骨架外钉铺各种人造板材而成的隔墙，优点是强度高，刚度大，自重轻，节约木材，整体性强，还可根据需要拆卸和组装。

金属骨架由各种形式的薄壁型钢制成，包括上槛、下槛、墙筋和横档，骨架与楼板采用膨胀螺栓或螺钉固接，见图3-18。

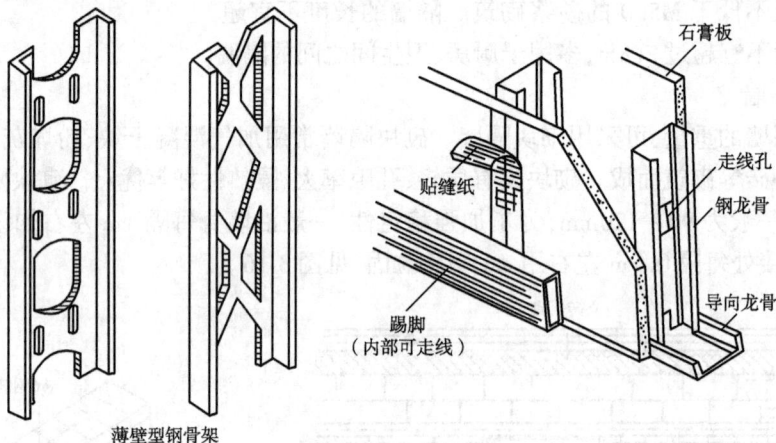

图3-18 金属骨架隔墙

面板多采用人造面板，如胶合板、纤维板、石膏板等，用钉（自攻螺钉、膨胀铆钉）或夹（金属夹子）的方式与金属骨架固定在一起。

3. 板材隔墙

板材隔墙是用各种轻质材料制成的各种预制薄型板材直接装配而成的隔墙，单板高度相当于房间净高，面积较大，且不依赖骨架。具有自重轻、安装方便、隔声性能好等特点，有利于建筑工业化。常见的板材有加气混凝土条板、增强石膏空心板、碳化石灰板、各种复合板等。

板材的安装、固定是用各种粘结砂浆或粘结剂进行粘结。待安装完毕，再在表面进行装修，见图3-19。

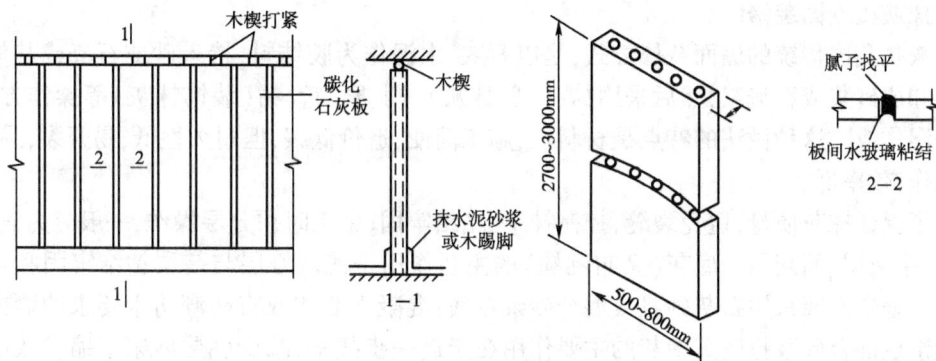

图 3-19 板材隔墙

二、墙面装修

装修工程对整个建筑物来说是不可缺少的有机组成部分,墙面装修包括抹灰、刷浆、铺贴、裱糊等,通过墙面装修可以保护墙体,不受风霜雪雨的直接侵蚀,提高墙体防潮、抗风化能力,增强坚固性,耐久性,延长使用年限;改善墙体使用功能,改善热工性能,提高保温、隔热、隔声能力,提高室内照明度,采光均匀,改善卫生条件、室内音质效果;提高建筑物的功能质量和艺术效果,美化环境,给人们创造优美、和谐、舒适的工作、学习和休息的环境。

墙面装修根据位置不同有外墙面装修和内墙面装修二大类。根据材料和施工方式不同,外墙面装修可分为抹灰类、贴面类、涂料类、铺钉类;内墙面装修可分为抹灰类、贴面类、涂料类、裱糊类、铺钉类,见表3-3。

墙 面 装 修 分 类   表 3-3

分 类	室 外	室 内
抹灰类	水泥砂浆、混合砂浆、聚合物水泥砂浆、拉毛、水刷石、干粘石、斩假石、假面砖、喷涂、滚涂等	纸筋灰、麻刀灰粉面、石膏粉面、膨胀珍珠岩灰浆、混合砂浆、拉毛、拉条等
贴面类	面砖、马赛克、玻璃马赛克、人造水磨石板、天然石板等	釉面砖、人造石板、天然石板等
涂料类	石灰浆、水泥浆、溶剂型涂料、乳液涂料、彩色胶砂涂料、彩色弹涂等	大白浆、石灰浆、油漆、乳胶漆、水溶性涂料、弹涂等
裱糊类		塑料墙纸、金属面墙纸、木纹壁纸、花纹玻璃、纤维布、纺织面墙纸及锦缎等
铺钉类	各种金属饰面板、石棉水泥板、玻璃等	各种木夹板、木纤维板、石膏板及各种装饰面板等

1. 抹灰类墙面装修

抹灰是我国传统的墙面装修方式,是以石灰、水泥作为胶结料,掺入砂或石渣或其他材料与水拌和成砂浆或石渣浆,然后采用抹(一般抹灰)、刷、磨、斩、粘(装饰抹灰)等操作方法,进行现场湿作业。这种做法的特点是材料广,施工简便,造价低廉,但耐久性低,易开裂,易褪色,手工操作,效率低。

为了保证抹灰质量,避免裂缝,控制抹平,粘结牢固,施工时须分层操作,一般分为三层,即底灰层、中灰层、面灰层。底灰(又叫刮糙)的主要作用是使装修层与基层粘结牢固和初步进行找平。普通砖墙采用石灰砂浆或混合砂浆打底;混凝土墙体或有防潮防水要求的墙体采用水泥砂浆或混合砂浆打底。中灰的主要作用在于进一步找平,减少底层砂浆干缩导致面层开裂的可能。面层是使表面光滑细致,起美观装饰作用的层次,要求平整、无裂痕、颜色均匀,这里说的面层不包括在其上的刷浆、喷浆或涂料。

一般情况下,抹灰按质量要求和主要工序划分为三种标准:

普通抹灰:一层底灰,一层面灰,二遍完成,总厚度一般不大于18mm。

中级抹灰:一层底灰,一层中灰,一层面灰,三遍完成,总厚度不大于20mm。

高级抹灰:一层底灰,数层中灰,一层面灰,多遍完成,总厚度不大于25mm。

普通抹灰适用于简易宿舍、仓库、临时建筑、地下室、储藏室等;中级抹灰适用于一般居住、公用建筑和工业用房,如住宅、办公楼、学校、医院等,以及高级装修建筑物中的附属用房;高级抹灰适用于大型公共建筑、纪念性建筑,如剧院、宾馆、展览馆等,以及具有特殊要求的高级建筑物。

抹灰按照使用材料和装饰效果分为一般抹灰和装饰抹灰两大类。

一般抹灰常用的有石灰砂浆抹灰、水泥砂浆抹灰、混合砂浆抹灰、纸筋石灰浆抹灰、麻刀石灰浆抹灰等。

装饰抹灰的种类较多,其底层的做法基本相同(均为1:3水泥砂浆),根据其面层不同有水刷石、水磨石、干粘石、斩假石、假面砖、喷涂、弹涂、滚涂等。

根据面层材料不同,常用抹灰装修构造及适用范围见表3-4。

常用抹灰做法及适用范围　　　　　　　　表3-4

位　置	抹灰名称	构　造　做　法	适　用　范　围
内墙面	纸筋(麻刀)石灰面	8厚1:2石灰砂浆加纸筋(麻刀)15%打底; 8厚1:3石灰砂浆加纸筋(麻刀)15%找平; 2~3厚1:2石灰砂浆加纸筋(麻刀)6%粉面	用于一般民用建筑的砖、石基层墙面
	水泥砂浆面	7厚1:3水泥砂浆打底; 5厚1:3水泥砂浆找平; 3厚1:2.5水泥砂浆粉面	用于易受碰撞或易受潮的部位
	混合砂浆面	8~9厚1:0.3:3(水泥:石灰膏:砂)混合砂浆打底; 5~6厚1:0.3:3混合砂浆找平; 5厚1:0.3:3混合砂浆粉面	砖、石基层墙面

位 置	抹灰名称	构 造 做 法	适 用 范 围
外墙面	水泥砂浆面	10~15 厚 1:3 水泥砂浆打底; 5 厚 1:2~1:2.5 水泥砂浆粉面	同上
	水刷石面	7 厚 1:3 水泥砂浆打底; 5 厚 1:3 水泥砂浆找平; 10 厚 1:2 水泥石渣抹面后用水刷洗	同上
	干粘石面	10~12 厚 1:3 水泥砂浆打底; 7~8 厚 1:0.5:2 外加 5%107 胶混合砂浆粘结层; 4~6mm 石子甩(喷)粘拍平压实	同上
	斩假石面	7 厚 1:3 水泥砂浆打底; 5 厚 1:3 水泥砂浆找平; 12 厚水泥石渣粉面用刹斧斩去表面层水泥浆	用于外墙局部装修

为使抹灰砂浆与基层之间粘结牢固,防止抹灰层产生空鼓现象,抹灰前,应对砖石、混凝土等基层表面凹凸不平的部位剔平或用 1:3 水泥砂浆补齐,表面太光的要凿毛,或用 1:1 水泥砂浆掺 10%107 胶薄薄抹一层;表面上的灰尘、污垢、油渍等均应清除干净,并洒水润湿。

在内墙抹灰中,对易受到碰撞的墙面或有防潮、防水要求的墙体,如门厅、走廊、厨房、浴厕等处,为了保护墙身,常作墙裙,其高一般为 1.5m 左右,材料常用水泥砂浆抹灰、水磨石、瓷砖、马赛克、木材等,见图 3-20。

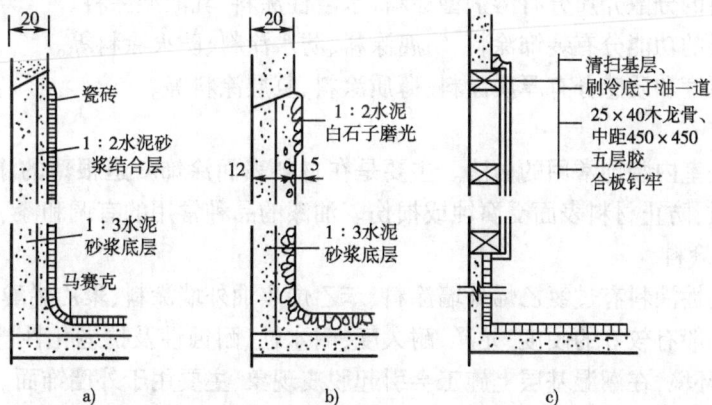

图 3-20 墙裙构造(尺寸单位:mm)
a)瓷砖墙裙;b)水磨石墙裙;c)木墙裙

对室内墙面、柱面的阳角和门洞口的阳角,宜用 1:2 水泥砂浆做护角,其高度不应低于 2m,每侧宽度不小于 50mm。另外,在外墙抹灰中,为施工接茬、比例划分和适应抹灰层胀缩以及日后维修更新的需要,抹灰前,事先按设计嵌木条分格,做成引条。

2. 涂料类墙面装修

涂料装修是将涂料涂敷于物体(如抹灰饰面的面灰等)表面,形成完整而牢固的保护膜,且具有一定的装饰作用。而通常将在表面喷刷浆料或水性涂料的称为刷浆;若涂敷于物体表面能形成完整涂膜的称为涂料。涂料饰面具有施工简单,造价低,工期短,工效高,维修更新方便等特点,因此应用较为广泛。

1)刷浆

刷浆工程常用的水质涂料有石灰浆、大白浆、可赛银浆、聚合物水泥浆等。

(1)石灰浆

将生石灰加水充分消解成为熟石灰,然后过滤、去渣,形成熟石灰膏,熟石灰膏加水拌和即成石灰浆,待墙面干燥后,喷刷两遍即成。也可根据需要掺入颜料。由于石灰浆耐久性、耐水性、耐污染性较差,故主要用于室内墙面、顶棚部位。为增加灰浆与基层的粘结性,可在浆中掺入约20%~30%的107胶或聚醋酸乙烯乳液。

(2)大白浆

又称胶白,是由大白粉(一定细度的碳酸钙粉末)掺入适量胶料配成的,常用的胶料有107胶(掺入量约15%)和聚醋酸乙烯乳液(掺入量约8%~10%)。也可掺入颜料而形成色浆。大白浆覆盖力强,洁白细腻,价格低,施工方便,大多用于室内墙面及顶棚部位。

(3)可赛银浆

它是由滑石粉、碳酸钙、与酪素胶配置而成的粉状材料。颜色很多,施工时先将粉末用温水浸泡,待酪素胶充分溶解后,再用水调制成需要的浓度即可。可赛银浆质地细腻,颜色均匀,附着力强,耐磨性、耐碱性好,常用于室内墙面及顶棚部位。

2)涂料

建筑涂料的种类很多,按成膜物质分有无机涂料、有机涂料、复合涂料。

按建筑涂料的分散介质分有溶剂型涂料、水溶性涂料、乳液型涂料。

按建筑涂料的功能分有装饰涂料、防腐涂料、防水涂料、防火涂料等。

按涂料的厚度和质感分有厚质涂料、薄质涂料、复层涂料等。

(1)油漆

油漆涂饰是室内装饰常用的做法。主要是在材料表面涂饰一道很薄的漆膜,以隔绝水或其他侵蚀性物质,防止材料表面受腐蚀或损伤。油漆的品种常用的有调和漆、清漆、防锈漆等。

(2)溶剂性涂料

常用的溶剂性涂料有过氯乙烯外墙涂料、苯乙烯焦油外墙涂料、聚乙烯醇缩丁醛外墙涂料等。这类涂料一般有较好的硬度、光泽、耐久度、耐水性、耐蚀性及抗老化性,但施工时有机溶剂挥发,易污染环境,在潮湿基层上施工会引起脱皮现象,主要用于外墙饰面。

(3)水溶性涂料

常用的水溶性涂料有聚乙烯醇水玻璃涂料(俗称106内墙涂料)、聚乙烯醇缩甲醛涂料(又称107胶)等。其中106涂料颜色有多种,价格便宜,装饰效果好,但易粉化,脱皮,主要用于一般性建筑内墙面装修。107胶是常用的胶结料,掺入水泥砂浆中10%~20%,可提高砂浆粘结强度。

(4)乳液涂料

能在墙面上形成类似油漆漆膜的平滑涂层,故又称乳胶漆,常用的乳胶漆有乙—顺乳胶漆、乙—丙乳胶漆、氯—醋—丙乳胶漆等。乳胶漆具有无毒无味、不易燃烧、不污染环境等特点。涂膜干燥快,可以缩短施工工期。所涂饰面可以擦洗,易清洁,装饰效果好,是近年来较流行的内墙饰面涂料。

（5）硅酸盐无机高分子涂料

常见的如JH801型无机高分子涂料，具有硬度高、附着力强、耐酸碱、耐老化、耐污染性能好，无毒等特点，可用于外墙装修，喷涂效果较好。

（6）厚质涂料

厚质涂料是在涂料中掺入骨料如石英砂和云母粉等，使涂料具有类似天然石料的质感，施工时常以喷涂和刮涂为主。常用的有砂胶厚质涂料、乙—丙乳液厚质涂料等。厚质涂料具有粘结强度高，耐水性、耐碱性、耐候性均较好等特点，主要用于外墙饰面。

3.贴面类墙面装修

贴面类墙面装修是将各种天然或人造的板、块用胶结材料粘贴在基层上，这类装修耐久性强、施工方便、质量高、装饰效果好。常用的贴面材料有陶瓷面砖、马赛克、玻璃马赛克、预制水磨石块、花岗岩、大理石等。其中适用于内墙装修的有釉面砖、大理石板，适用于外墙装修的有无釉面砖、马赛克、花岗岩板等。

1）陶瓷面砖饰面、马赛克贴面

无釉面砖坚固耐磨、防冻、耐腐蚀，主要用于外墙面装修。釉面砖具有表面光滑，容易擦洗，美观耐用等特点，多用于内墙面装修。

面砖安装前，先将表面清洗干净，然后放在水中浸泡2h以上，贴前取出擦干或晾干。安装时，先用1∶3水泥砂浆打底，后用掺有107胶的1∶2.5水泥砂浆作粘结层，满刮于面砖背面，其厚度不小于10mm，贴在墙上后用木锤轻敲。在外墙面的面砖之间留约13mm缝隙，以利湿气排除，而内墙面为便于擦洗和防水，则应安装紧密，不留缝隙。

马赛克原来用作地面装饰材料，因其图案丰富，色泽稳定，耐污染，易清洁，近年来已大量用于外墙饰面。由于马赛克尺寸较小，为便于粘贴，出厂前已按各种图案反贴在标准尺寸325mm×325mm的牛皮纸上。施工时将纸面向外，用1∶3水泥砂浆或掺有107胶的水泥砂浆做粘结层。镶贴应保证表面平整，拍平拍实，待稳固后，用水洗去牛皮纸，在水泥浆凝固前较正缝隙，并用水泥浆嵌缝。

还有一种玻璃马赛克是一种半透明的玻璃质饰面材料。它背面带有凸棱线条，四周呈斜角，铺贴的灰缝呈楔形，能与基层很好粘结。与马赛克类似，出厂时就将小玻璃瓷片反贴在牛皮纸上。它色彩柔和典雅，质地坚硬，耐热耐寒，在民用建筑外墙装修中应用广泛。

2）天然石板、人造石板贴面

天然石板有大理石板、花岗岩板，人造石板有人造大理石、预制水磨石板等。对于小规格的（边长小于400mm）花岗岩板和大理石板可以直接粘贴，方法同饰面砖一样。对于大规格的板材则采用安装方法。在墙面上绑扎钢筋网，与结构预埋铁件绑扎牢固，用铜丝或铅丝通过板材边预先钻好的孔眼把块材与钢筋绑牢，调整就位后，在板与墙的缝隙内分层灌注1∶2.5水泥砂浆，厚约30mm。

4.裱糊类墙面装修

裱糊类墙面装修是把各种壁纸、墙布用胶粘剂裱糊在墙面上的一种装修饰面形式。由于壁纸、墙布具有色泽艳丽、图案优雅、耐用、易擦洗、装饰效果美观大方等特点，因此多用于高级宾馆客房、餐厅、酒吧、住宅起居室、厅堂等处，是一种较高级的室内装修方式。

常用的壁纸有PVC塑料壁纸、金属面壁纸、纺织物面壁纸、木纹壁纸等；常用的墙布有玻璃纤维装饰墙布、锦缎等。

壁纸和墙布的裱贴主要在抹灰的基层上进行,首先进行基层处理,保证基层表面坚实、平滑、无孔洞、无砂粒。对不平的基层需用腻子刮平,裱糊用的胶粘剂应按壁纸和墙布的品种选用,并应具有防霉和耐久等性能。裱糊普通壁纸,应先将壁纸背面用水润湿,然后在基层表面涂刷胶粘剂进行裱糊;裱糊塑料壁纸时,需将其放入水中浸泡 3 ~ 5min,出水后抖掉明水静置 20min,然后在基层表面和壁纸背面都涂刷胶粘剂。壁纸、墙布裱糊时必须粘贴牢固,表面色泽一致,不得有气泡、空鼓、裂缝、翘边、皱折和斑污,斜视时无胶痕;表面平整,无波纹起伏,壁纸、墙布与挂镜线、贴脸板和踢脚线紧接、不得有缝隙;各幅拼接横平竖直,拼接处花纹、图案吻合,不离缝,不搭接,距墙面1.5m处正视,不显拼缝;阴阳转角垂直,棱角分明,阴角处搭接顺光,阳角处无接缝;壁纸、墙布边缘整齐,不得有纸毛、飞刺;不得有漏贴、补贴、脱层等缺陷。

本 章 小 结

· 墙体是建筑物的垂直分隔构件,主要起承重和围护作用。按平面位置可分为外墙、内墙;纵墙、横墙。按受力状况可分为承重墙、非承重墙。按材料分为砖墙、石墙、土墙、混凝土墙等。按构造方式可分为实体墙、空体墙、组合墙。按施工方法分为块材墙、板筑墙和装配式墙。墙体应具有足够的强度和稳定性;具有一定的保温、隔热、隔声、防火及防潮、防水等性能;满足建筑工业化要求。

砖墙材料主要是砖和砂浆。砖墙的细部构造有:墙身防潮、勒脚、散水、明沟、门窗过梁、窗台、圈梁、构造柱等。

隔墙是分隔室内空间的非承重墙,主要有砌筑隔墙、骨架隔墙、板材隔墙三大类。

墙面装修是保护墙体、改善墙体使用功能、美化环境,丰富建筑的艺术形象的有效手段。根据位置不同有外墙面装修和内墙面装修二大类。根据材料和施工方式不同,墙面装修可分为抹灰类、贴面类、涂料类、裱糊类、铺钉类。

复习思考题

1.墙体分类有哪些方式?按不同分类方式可将墙体分为哪些类型?

2.对墙体的要求有哪些?

3.墙身防潮层的位置和做法有哪些?

4.勒脚的作用是什么?做法有哪些?

5.绘图说明混凝土散水的构造做法。

6.门窗过梁有哪些类型?构造要求有哪些?

7.圈梁在墙体中有什么作用?构造要求有哪些?

8.构造柱的作用和设置要求是什么?

9.隔墙的有哪些种类?

10.墙面装修的类型、特点和适用范围是什么?

第四章
楼板层与地面

教学要求

1. 描述钢筋混凝土楼板的构造;
2. 描述楼地面的构造;
3. 描述阳台和雨篷的构造。

● 第一节 概　述 ●

一、楼板层的作用及要求

楼板层是多层建筑中分隔房屋空间的水平承重构件,它的作用主要是承受人、家具、设备等荷载,并把荷载传递给墙、梁或柱,同时,还对墙身起水平支撑作用,增强房屋的刚度和整体稳定性。

楼板层应满足如下要求:

(1)必须具有足够的强度和刚度,保证楼板的安全和正常使用。

(2)为防止噪声通过楼板传递造成干扰,楼板层应具有一定的隔声的能力。

(3)必须具有一定的防火能力,保证人身财产的安全。

(4)一些特殊房间,如厨房、厕所、卫生间等地面,应具有防水、防潮的能力,防止渗漏。

(5)满足各种管线的设置。一般多层房屋中楼板的造价占房屋土建造价的 20% ~ 30%,因此,结构选型,布置、构造方案,材料确定都十分重要。

二、楼板层的基本组成及楼板的类型

1. 楼板层的基本组成

楼板层通常由以下几部分组成,见图 4-1。

1)面层

面层,又称楼面或地面,起保护楼板、承受和传递荷载的作用,同时也对室内起清洁、装饰作用。

2)楼板

楼板是楼板层的结构层,一般由板或梁和板组成。主要功能是承受楼板层上的全部荷载,并将之传给墙或柱,同时也对墙身起水平支撑的作用,以增强房屋刚度和整体性。

3）附加层

附加层，又称为功能层。根据使用要求和构造要求，主要设置管道敷设层、隔声层、防水层、找平层、隔热层、保温层等附加层，它们可以满足人们对现代化建筑的要求。

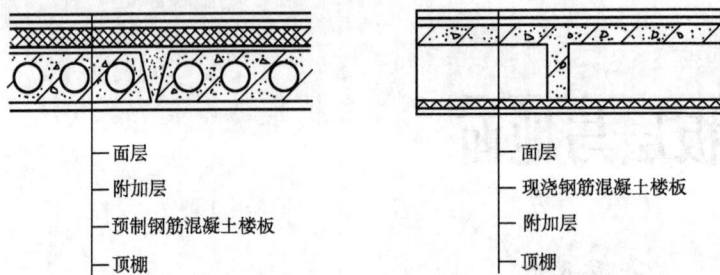

- 面层
- 附加层
- 预制钢筋混凝土楼板
- 顶棚

- 面层
- 现浇钢筋混凝土楼板
- 附加层
- 顶棚

图 4-1　楼板层的基本组成

4）顶棚

顶棚是楼板层的底面部分，主要起保护楼板、安装灯具、遮掩各种水平管线设备、装饰室内等作用。

2. 楼板的类型

根据采用的材料不同，楼板主要有木楼板、钢筋混凝土楼板、钢衬板楼板等类型，见图 4-2。

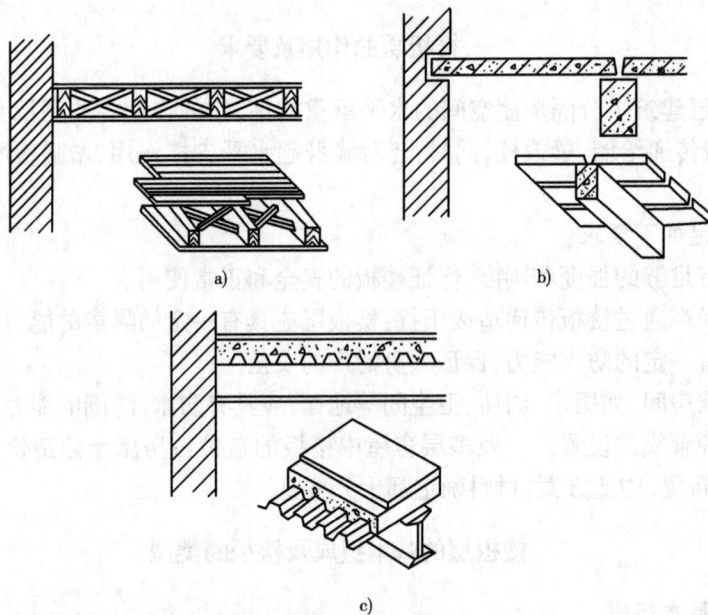

a)

b)

c)

图 4-2　楼板的类型

a）木楼板；b）钢筋混凝土楼板；c）钢衬板楼板

1）木楼板

木楼板具有自重轻、保温性能好、有弹性、节约钢材和水泥等优点，但不防火，易腐蚀，耐久性和隔声性能差，且耗费大量木材，除特殊情况外，已较少采用。

2）钢筋混凝土楼板

钢筋混凝土楼板强度高，刚度大，防火性、耐久性能好，可塑性强，便于工业化生产和机械化施工,目前在我国应用最为广泛。

3)钢衬板楼板

钢衬板楼板是在型钢梁上铺设压型钢板,再在其上浇筑混凝土而成。这种楼板比钢筋混凝土楼板自重轻、强度高、施工方便,便于建筑工业化,但耗钢量大,造价高,目前用的较少。

● 第二节 钢筋混凝土楼板 ●

钢筋混凝土楼板按施工方法不同,有现浇式、预制装配式、装配整体式三种类型。

1. 现浇钢筋混凝土楼板

现浇钢筋混凝土楼板是在现场按照支模板、绑扎钢筋、浇灌混凝土等施工程序制作成型的楼板。具有整体性好、刚度大、利于抗震、可适应不规则形状、预留孔洞方便等特点。但现场工作量大,模板耗用多,施工工期长。

现浇钢筋混凝土楼板按受力和传力情况不同,分为板式楼板、梁板式肋形楼板、井式楼板、无梁楼板等。

1)板式楼板

建筑物为墙体承重时,对于房间尺寸较小的房间,如走廊、厨房、卫生间等,可采用这种形式,将楼板上的荷载直接通过楼板传递给墙体。

2)梁板式肋形楼板

当房间的空间尺度较大时,采用这种形式较经济合理,见图4-3。它由板、次梁、主梁现浇而成,楼板上的荷载由板传给次梁,再由次梁传给主梁,然后传给墙或柱。

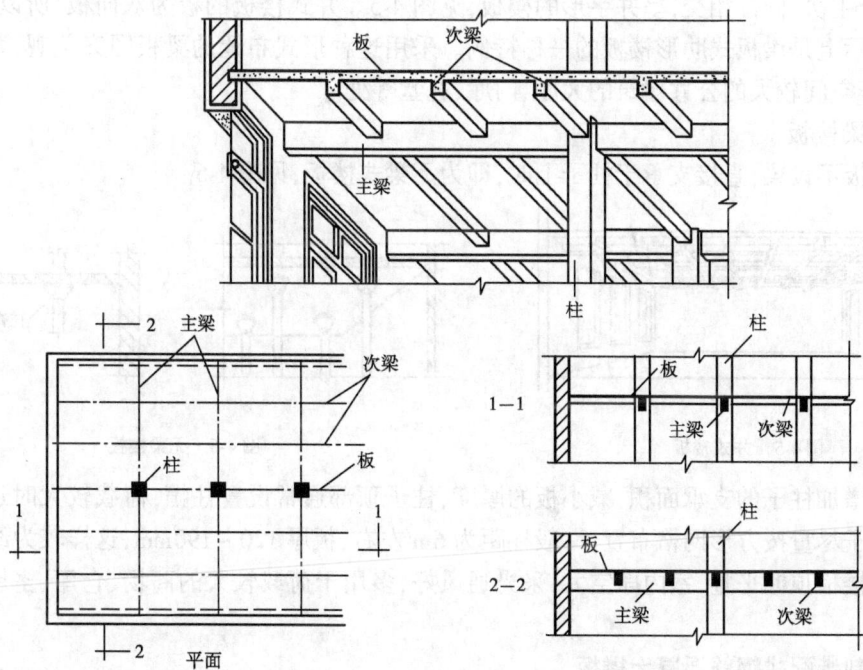

图4-3 梁板式肋形楼板

楼板根据受力特点和支承情况,可分为单向板和双向板。当板的长边尺寸 l_2 与短边尺寸 l_1 之比大于 2 时,在荷载作用下,板基本上只在 l_1 方向挠曲,即荷载主要沿 l_1 方向传递,故称为单向板。当 l_2 与 l_1 之比小于 2 时,在两个方向都传递荷载,称为双向板,见图 4-4。双向板使板的受力和传力更合理,构件的材料更能充分发挥作用。

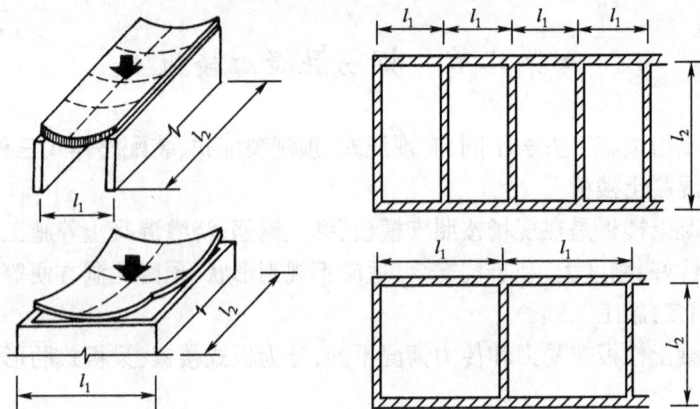

图 4-4 单向板、双向板示意图

主梁跨度一般为 5~9m,最大可达 12m。主梁高为跨度的 1/14~1/8。

次梁跨度即为主梁间距,一般为 4~6m,次梁高为跨度的 1/18~1/12。

板的跨度即为次梁间距,一般为 1.7~2.5m。双向板不宜超过 5m×5m。

3)井式楼板

当房间形状近似方形或长短边之比 $l_2/l_1 \leqslant 2$,且跨度 ≥10m 时,可采用两个方向的梁截面相等,不分主次,同位相交,呈井字形的楼板,见图 4-5。井式楼板的板为双向板,所以,这种楼板形式实际上是梁板式肋形楼板的一种特例。采用这种形式布置的梁板图案美观,装饰效果好,多用于空间较大的公共建筑的大厅、门厅、礼堂等处。

4)无梁楼板

当楼板不设梁,直接支承于柱子上时,即为无梁式楼板,见图 4-6。

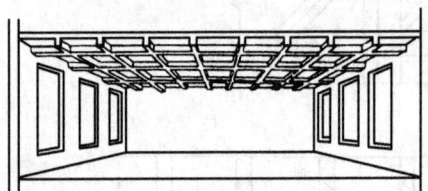

图 4-5 井式楼板

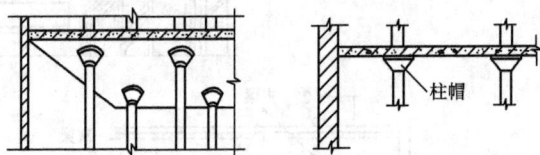

图 4-6 无梁楼板

为了增加柱子的支承面积,减小板的厚度,柱子顶部通常设置柱帽,荷载较大时还须设置托板。柱子尽量按方形网格布置,一般柱距为 6m 左右,板厚 120~190mm,这样较为经济。

无梁楼板顶棚平整,室内净空大,采光通风好,多用于荷载较大的商场、仓库、多层车库等建筑中。

2. 预制装配式钢筋混凝土楼板

预制装配式钢筋混凝土楼板是将各种类型的楼板构件在预制工厂预先制作好,然后运到工地进行现场安装而成的。这种方式能节省模板,提高现场的机械化施工水平,并能缩短工期,但楼板整体性和刚度不如现浇的好。凡是房间平面形状规则,尺寸符合模数的,大多数都采用预制楼板。

预制楼板有预应力和非预应力两种。采用预应力钢筋混凝土楼板可以提高强度,减少楼板厚度,节省材料,使自重减轻,造价降低,因此应优先选用预应力构件。

1)预制楼板的类型

(1)实心平板

预制实心平板跨度一般在 2.4m 以内,板厚一般为 50~80mm,宽度一般为 600~900mm,见图 4-7。

实心平板上下面平整,制作简单,但自重较大,隔声效果差,因跨度较小,多用于卫生间、厨房等小跨度房间或走廊、过道等处,也可用作管沟盖板。

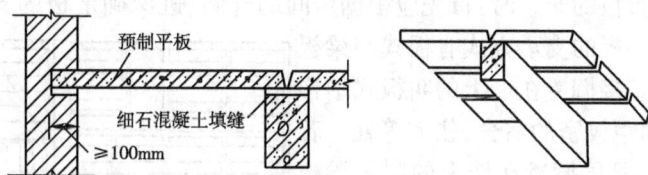

图 4-7 预制实心平板

(2)槽形板

槽形板是一种梁板合一的构件,即在实心板两侧设有纵肋。板跨为 3~7.2m,板宽为 600~1200mm,板肋高 120~300mm,板厚只有 25~30mm。这种板的自重很轻,可以在板上开洞,但隔音效果差。

槽形板搁置时有正放(肋向下)的正槽板和倒放(肋向上)的反槽板两种。正槽板底面不平,有碍观瞻,多做吊顶,可用于厨房、卫生间、仓库等处。反槽板底面平整,但上面须进行构造处理,使其平整,有时可在槽内填充保温隔音材料,见图 4-8。

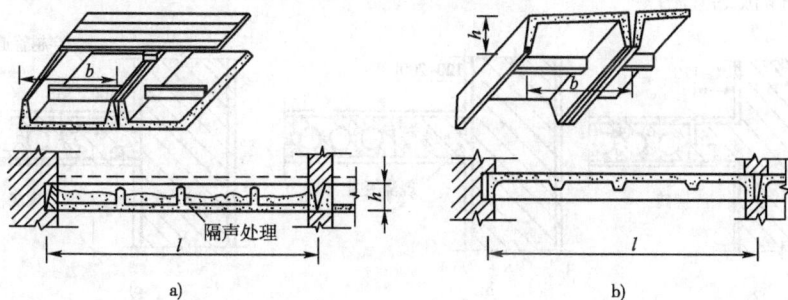

图 4-8 槽形楼板

a)反槽板;b)正槽板

(3)空心板

将预制板抽孔做成空心板,既能减轻板的自重,又能使楼板上下面平整,其中孔洞为圆形的板制作方便,在大量性民用建筑中应用广泛。目前我国预应力空心板的跨度尺寸最大可达 7.2m,见图 4-9。

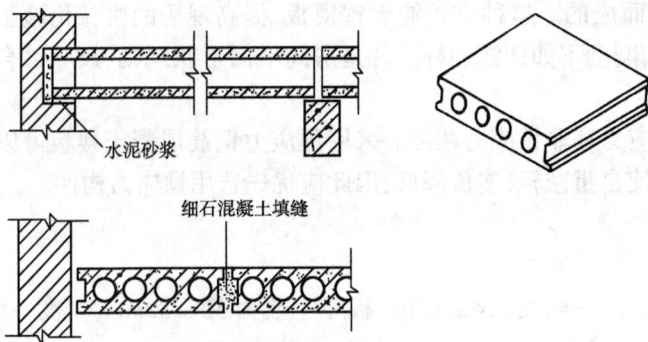

图 4-9　预制空心板

2）预制楼板的布置方式

对一个房间进行板的布置时,首先应根据房间的开间、进深确定板的支承方式,然后根据板的规格进行布置。板的支承方式有板式与梁板式两种。预制楼板直接搁置在墙上的叫板式结构布置,多用于横向间距较密的宿舍、住宅等处。若楼板先支承在梁上,梁再搁置在墙上的叫做梁板式布置,多用于教学楼等开间、进深都较大的建筑中,见图 4-10。

进行预制楼板的排列,要求板的规格、类型、板数越少越好,否则给施工带来不便。当排板的最后结果出现较大的缝隙时,可采用以下方法解决:当板缝小于 60mm 时,可调整板缝宽度;当板

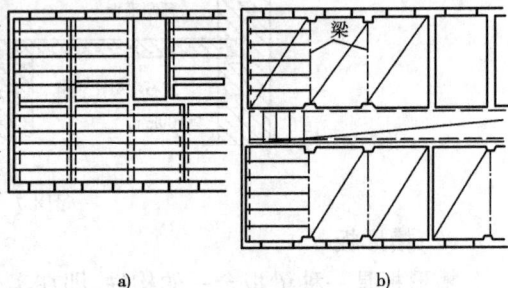

图 4-10　预制楼板的结构布置
a）板式结构布置;b）梁板式结构布置

缝在 60~120mm 时,可将缝留在墙边,然后在墙边增加挑砖;当板缝超过 120mm 且在 200mm 以内时,可增加局部现浇板,并将需穿越楼板的管子设在此处,见图 4-11。当板缝 200mm 以上时,应重新选择板的规格。

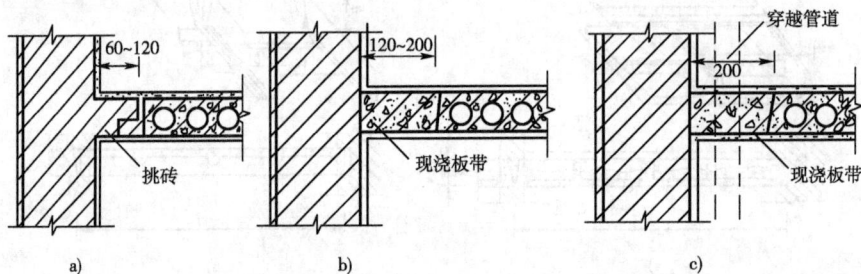

图 4-11　板缝差的处理(尺寸单位:mm)
a）墙边增加挑砖;b）增加局部现浇板;c）立管穿过板带

3）预制楼板的安装程序

(1)楼板在搁置前,应先在墙上或梁上铺一层 20mm 厚水泥砂浆找平,俗称坐浆。

(2)楼板搁在墙上或梁上时,应有足够的搁置宽度,在墙上搁置宽度不小于 80mm,在梁上搁置宽度不小于 60mm。

（3）为增强板的整体刚度,特别是地基条件较差或地震区,应在板与墙及板端与板端之间设拉结钢筋予以锚固,见图 4-12。

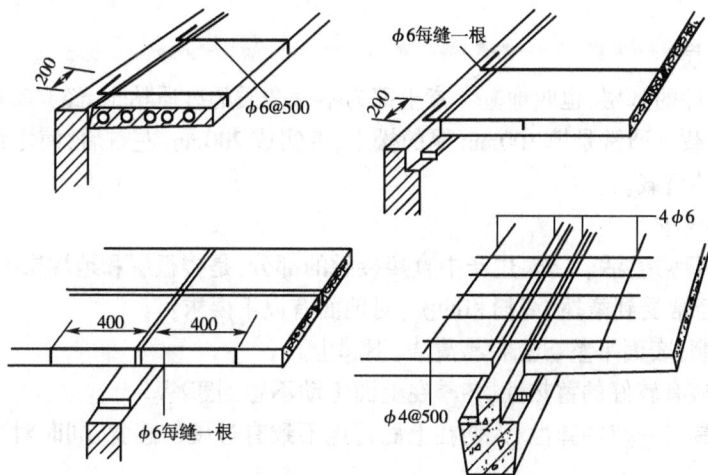

图 4-12　楼板的锚固(尺寸单位:mm)

4）板缝处理

楼板安装完毕,应对板缝进行处理。

空心板支承端的两端孔部位常以砖块或混凝土块堵塞,使其在支座处不被压坏。

板缝分端缝和侧缝两种,先在板缝下支吊木模,板缝要清理干净,用水冲洗,润湿板的边缘和木模,板的标准缝处必须灌以细石混凝土或砂浆,如为宽缝应先放入钢筋再灌缝,必要时可加钢筋网片再灌浆,并要求灌缝密实,以提高楼板的整体性和抗震能力。

● 第三节　地坪层与楼地面构造 ●

1. 地坪层构造

地坪层是建筑物底层与土壤相接触的构件。和楼板层一样,它承受地坪上的荷载,并均匀传给地基。

地坪层由面层、垫层、素土夯实层组成。根据要求还可以增设附加层,如结合层、找平层、防潮层、保温层、管道敷设层等,见图 4-13。

1）面层

面层也叫地面,是人们日常工作、生活、生产直接接触的部分,它是直接承受各种物理、化学作用的表面层,同时也起装饰作用。

2）垫层

垫层是地坪的承重和传力部分,有刚性垫层和非刚性垫层之分。刚性垫层有足够的整体刚度,受力后不产生塑性变形,主要用于现浇整体面层和地面要求较高及薄而性脆的面层,如水泥地面、磁砖地面、大理石地面等。刚性垫层常用的做法为强度等级低的混凝土,如 C10 混凝土,厚 80 ~ 100mm。非刚性垫层由松散材料做成,无整体刚度,受力后产生塑性变形。

图 4-13　地坪层的构造

主要用于厚而不易断裂的面层,如混凝土地面、水泥制品块地面等。非刚性垫层的常用做法是50mm厚砂垫层,50～70mm厚石灰炉渣垫层、100～150mm灰土垫层、70～120mm厚三合土垫层等。

3）素土夯实层

素土层为地坪的基层,也叫地基。素土即为不含杂质的砂质粘土,经夯实后才能承受垫层传下来的地面荷载。通常是填300mm厚的松土,夯实成200mm左右后,使之每平方米能均匀承受10～15kN的荷载。

2. 对地面的要求

地面是人们日常生活、工作、生产中直接接触的部分,是楼板层和地坪层的面层,在建筑中直接承受荷载,经常受到摩擦、清扫和冲洗,对地面有以下要求:

（1）坚固耐磨、表面平整、光洁、易清洁,不起尘。

（2）面层材料有较好的蓄热性,冬季在上面走动不感到寒冷。

（3）地面应具有一定的弹性,人们在上面行走不致有过硬的感觉,同时对隔绝撞击声音也有利。

（4）特殊要求:浴、厕等有水作用的房间,应耐潮湿、不透水;厨房、锅炉房等有火源的房间,地面应防火、耐燃;有酸、碱腐蚀的实验室等房间的地面应具有防腐蚀的能力。

3. 地面构造

地面包括底层地面和楼板层地面两部分,它们在构造和要求上是一致的,因此统称地面,属于建筑装修的一部分。地面的名称是依据面层所使用的材料来命名的。

地面按材料和做法可分为四大类型,即整体地面、块料地面、粘贴类地面、涂料类地面和木地面等。

1）整体地面

整体地面包括水泥地面、水磨石地面等现浇地面。

（1）水泥地面

水泥地面在一般民用建筑中应用较多。其优点是构造简单,价格低廉,但水泥地面蓄热系数大,无采暖设施的建筑冬天走上去感到寒冷,表面易起灰,不易清洁。

常用做法有以下几种:

①在混凝土垫层的结构层上抹水泥砂浆,有单层、双层两种做法。单层做法是抹一层20～25mm厚1:2.5水泥砂浆一道,抹平后待其终凝前再用铁板压光。双层做法由面层和底层组成,先以一层10～20mm厚1:3水泥砂浆打底找平后,表面抹5～10mm厚1:2水泥砂浆。双层做法虽增加了施工程序,却不易开裂,见图4-14。

②水泥地面还有一种简单做法,采用30～40mm厚C15～20细石混凝土直接浇筑在基层上,用铁滚压浆,待水泥浆泛至表面后,上撒一层干水泥,再用铁板压实抹光,优点是比较经济、节省水泥,但水泥表面薄,容易磨损。

（2）水磨石地面

水磨石地面具有良好的耐磨性、耐久性,表面光洁,不起尘,质

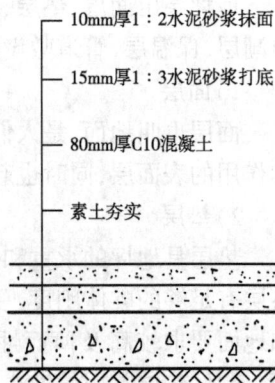

10mm厚1:2水泥砂浆抹面

15mm厚1:3水泥砂浆打底

80mm厚C10混凝土

素土夯实

图4-14 水泥砂浆地面

地美观,易清洁,常用于公共建筑门厅、走廊、楼梯以及卫生间地面等处。

现浇水磨石地面的做法,是在混凝土垫层上抹15~20mm厚1:3水泥砂浆找平层,砂浆干硬后,嵌固铜条、铝条(或玻璃条等)进行分格(分格不宜大于1m),嵌条高10mm,用1:1水泥砂浆固定,然后在格内浇入10~15mm厚1:1.5~2的水泥石子浆面层,拍平压实。待面层有一定强度后,加水用磨石机由粗到细研磨数次,最后用弱酸擦洗,上蜡擦光,见图4-15。

水磨石地面所用石子要求颜色美观,中等强度,易磨光,因此多采用方解石、大理石、白云石石屑等,料径为6~15mm。所用水泥除普通水泥外,还可用彩色水泥,再用彩色石渣做成图案美丽的彩色水磨石地面,上蜡出亮后更加美观。

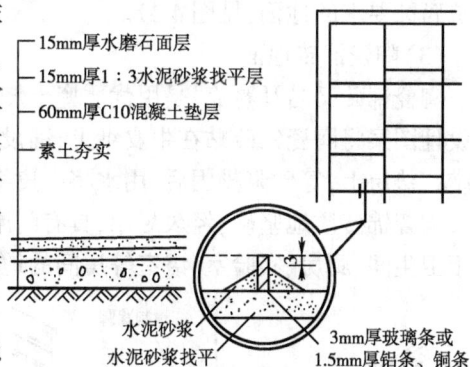

图4-15　水磨石地面

2)块料地面

把地面材料在工厂内预制成一定规格的块料,用胶结材料铺贴在结构层上,就成为块料地面。胶结材料既起胶结又起找平作用,常用的胶结材料有水泥砂浆、沥青玛蹄脂等,也有用粗(细)砂、细炉渣做结合层的。

块料地面种类很多,常用的有水泥砖、缸砖、陶瓷锦砖、陶瓷地砖、大理石等。

(1)水泥制品块地面

水泥制品块地面常见的有三种:预制水泥板、预制水磨石块、预制混凝土块。

当预制块尺寸较大且较厚时,可在板下干铺20~40mm厚细砂或细炉渣,然后用砂浆嵌缝。这种做法施工简单,便于维修更换,但不易平整,大多用于城市人行道铺砌。当预制块小而薄时,用10~20mm厚1:3水泥砂浆粘结,然后用1:1水泥砂浆嵌缝,这种做法的地面坚实、平整,见图4-16。

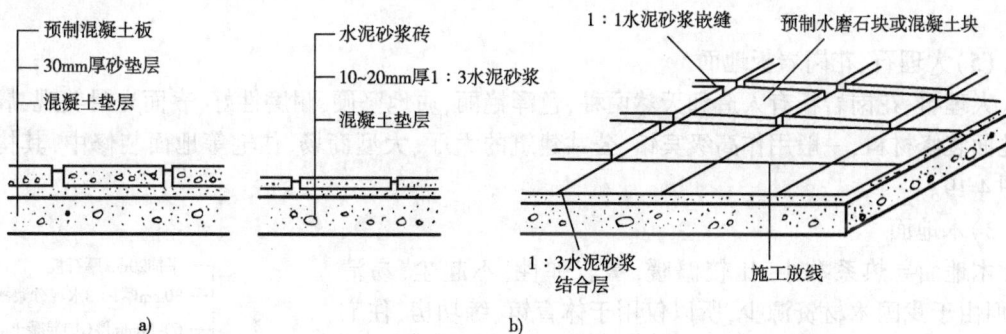

图4-16　水泥制品块地面
a)预制块尺寸较大且较厚;b)当预制块小而薄

(2)缸砖地面

缸砖是用陶土烧成的一种无釉砖块,形状有正方形、六角形、八角形等,颜色有多种,由不同形状和色彩可以组合成各种图案。缸砖背面有凹槽,便于与基层粘结,施工时用15~20mm

厚1:3水泥砂浆铺贴。缸砖质地坚硬、耐磨、防水、耐酸碱、易清洁,适用于卫生间、实验室及有抗腐蚀要求的地面,见图4-17。

(3)陶瓷锦砖地面

陶瓷锦砖又名马赛克,是用优质瓷土烧制而成的小尺寸瓷砖,常为正方形。在工厂按预定的设计图案将陶瓷锦砖贴在牛皮纸上,铺设时将牛皮纸面朝上,用10～20mm厚1:3水泥砂浆胶结在垫层上,等砂浆凝固后,用水将牛皮纸润湿撕去,再以水泥浆填缝。

陶瓷锦砖质地坚硬,经久耐用,具有耐磨、防水、耐腐蚀、易清洁、防滑性能好等特点,主要用于卫生间、厨房、实验室、浴室等房间的地面,也可用于外墙面,见图4-18。

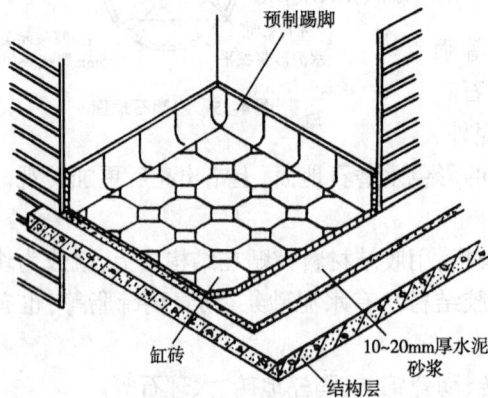

图4-17 缸砖地面

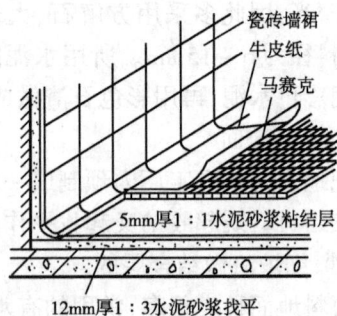

图4-18 陶瓷锦砖(马赛克)地面

(4)陶瓷地砖地面

陶瓷地砖又叫墙地砖,类型有釉面地砖、无光釉面砖、无釉防滑地砖、抛光同质地砖等。陶瓷地砖颜色也很多,色调均匀,表面平整光滑,强度高,抗腐蚀,耐磨性好,美观耐用,防水性好,施工方便,且块大缝少,装饰效果好,因此多用于办公、商店、住宅的地面装修中。

陶瓷地砖一般厚6～10mm,规格各异,尺寸越大,价格越高,其铺贴构造图与缸砖地面相同。

(5)大理石、花岗岩板地面

大理石、花岗岩板有人造和天然两种,色泽艳丽,质地坚硬,耐磨性好,表面光滑美观,属高档地面装修材料,一般用作高级宾馆、公共建筑的大厅、大型商场、住宅等地面装修中,其构造见图4-19。

3)木地面

木地面导热系数小,比较温暖,富有弹性,不起尘,易清洁,但由于我国木材资源少,所以仅用于体育馆、练功房、住宅卧室或有特殊要求的房间等。

木地面分空铺和实铺两种,由于空铺耗费木材,现已少用,所以只介绍实铺木地面。

实铺木地面是将木搁栅直接放在结构层上(间距400mm),搁栅用预埋在结构层的U形铁件嵌固或用镀锌铁丝绑牢。底层地面为了防潮,应先在结构层上涂刷冷底子油和

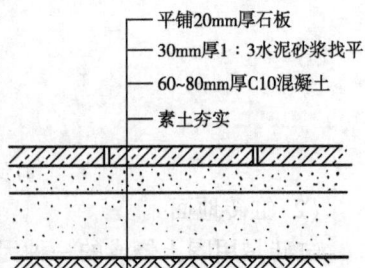

图4-19 大理石板地面

热沥青各一道。然后在搁栅上钉铺条木地板。也可做双层木地板,即先铺毛地板再铺钉硬木地板,见图 4-20a)、b)。

实铺地面也可采用粘贴式做法,将木地板直接粘贴在结构层上的找平层上,如果采用沥青粘贴,则找平层应当用沥青砂浆做找平层。粘贴材料常用的有沥青玛蹄脂、环氧树脂、乳胶等。这种地面防潮性能好,施工简便,见图 4-20c)。

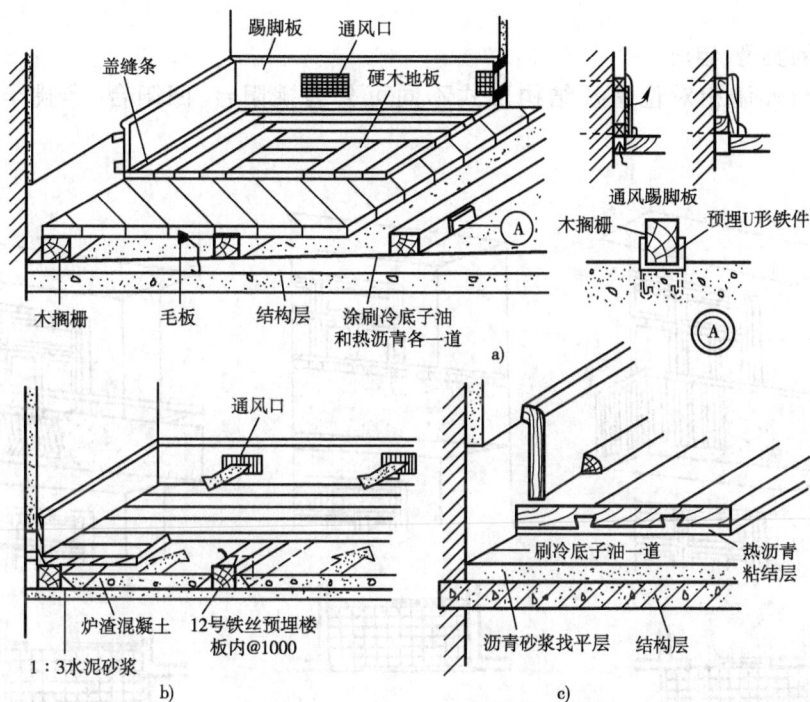

图 4-20 实铺式木地板
a)木搁栅双层木地板;b)木搁栅单层木地板;c)粘贴式木地板

另外在墙面和地面交接处,为了保护墙面免受外界碰撞而损坏,防止清洗时弄脏墙面,还须做踢脚线。踢脚线高 100~150mm,一般凸出墙面 4~6mm,材料与地面相同,见图 4-21。

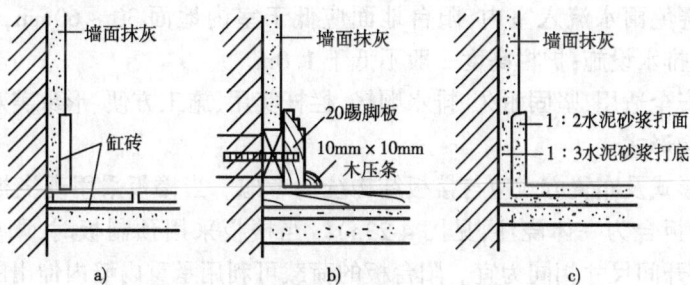

图 4-21 踢脚线
a)缸砖踢脚线;b)木踢脚线;c)水泥踢脚线

● 第四节 阳台和雨篷 ●

一、阳台

阳台是楼房建筑中供人进行户外活动的平台或空间,同时也对建筑物的外部形象起一定的作用。

1. 阳台的类型、组成

按阳台与外墙相对位置及结构形式不同可分为挑阳台、凹阳台、半挑半凹阳台,见图 4-22。

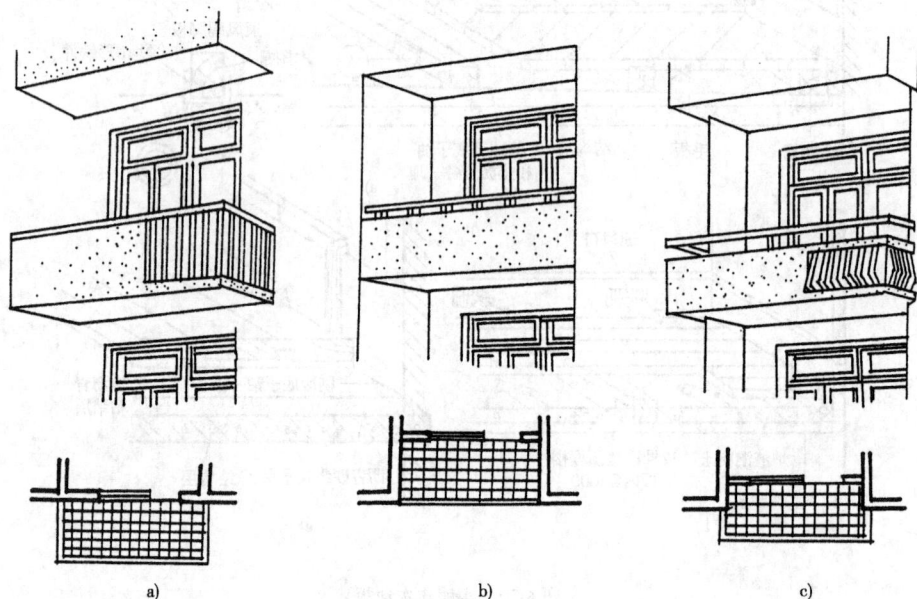

图 4-22 阳台的类型
a)挑阳台;b)凹阳台;c)半挑半凹阳台

阳台由承重构件阳台板(或梁板)、护栏及扶手组成。阳台板挑出长度按使用要求一般为 1.0～1.5m。为避免雨水流入室内,阳台地面应低于室内地面 30～60mm,并应做 0.5%～1.0%坡度和设置排水设施;护栏高度一般不低于 1.0m。

阳台应满足安全适用、坚固耐久、排水顺畅、栏杆实用、施工方便、形象美观的要求。

2. 阳台的结构形式

阳台的结构形式及布置方式应与楼板结构统一考虑。当楼板采用现浇板时,阳台板亦多用现浇板,并与楼板合为一体浇注,见图 4-23a)。当楼板采用预制板时,阳台板亦多用预制板,其尺度与房间开间尺寸相同为宜。阳台板的荷载可利用承重内墙内伸出的悬挑梁来支承。悬挑梁在横墙内的长度应为悬臂长的 1.5 倍,以解决阳台板的倾覆问题,见图 4-23b)。也可采用预制倒槽板或内外平衡的预制板悬挑阳台的形式,见图 4-23c)、d)。

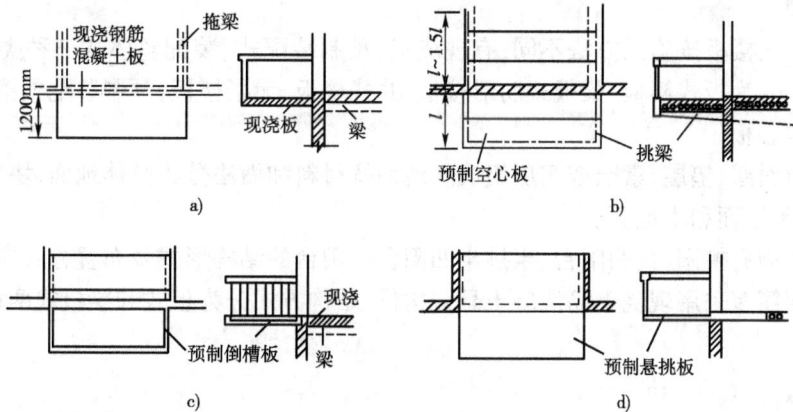

图 4-23　阳台的结构形式
a)现浇板挑阳台;b)预制板挑阳台;c)预制倒槽板阳台;d)预制悬挑板阳台

二、雨　篷

雨篷是设置于建筑物入口处位于外门上方用来挡雨,保护外门免受雨水侵蚀的水平构件,同时对建筑立面效果也起到很重要的作用。

雨篷多采用现浇钢筋混凝土悬臂构件,悬臂长度一般为 1~1.5m。根据雨篷结构布置和支承方式不同,可分为板式和梁板式两种形式。为防止雨篷倾覆,常将雨篷板与入口处门上过梁浇筑在一起,见图 4-24。由于雨篷所承受的荷载很小,故雨篷板厚度较薄,通常做成变截面形式。雨篷常采用无组织排水,板底周边设滴水(图 4-24a)。梁板式雨篷为使板底平整,常将周边梁向上翻起处理,为防止上部积水,在雨棚顶部及四侧需做防水砂浆抹面(图 4-24b)。

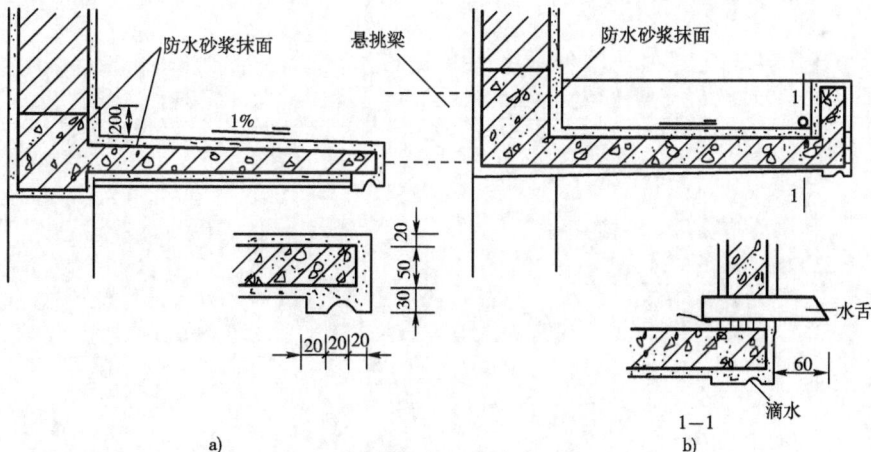

图 4-24　雨篷构造(尺寸单位:mm)
a)板式雨篷;b)梁板式雨篷

本 章 小 结

楼板层由面层、楼板、附加层、顶棚组成。楼板有木楼板、砖拱楼板、钢筋混凝土楼板、钢衬板楼板等类型。

钢筋混凝土楼板按施工方法不同,有现浇式、预制装配式、装配整体式三种类型。现浇钢筋混凝土楼板分为板式楼板、梁板式肋形楼板、井式楼板、无梁楼板;预制装配式楼板有实心平板、槽形板、空心板。

地坪层由面层、垫层、素土夯实层组成。地面按材料和做法分为整体地面、块料地面、粘贴类地面、涂料类地面和木地面。

阳台的类型有挑阳台、凹阳台、半挑半凹阳台。阳台的结构形式及布置方式应与楼板结构统一考虑。雨篷多采用现浇钢筋混凝土悬臂构件,结构方式分为板式和梁板式两种形式。

复习思考题

1. 楼板层的基本组成有哪些? 楼板的类型有哪些?
2. 现浇钢筋混凝土楼板有哪些形式? 各自的使用条件是什么?
3. 预制钢筋混凝土楼板有哪些形式? 各自的使用条件是什么?
4. 预制楼板的结构布置方式有哪些?
5. 地坪层由几部分组成?
6. 叙述整体类地面的做法。
7. 叙述块料类地面的做法。
8. 阳台有几种类型? 阳台的结构形式有哪些?
9. 简述雨篷的结构布置方式。

第五章

垂直交通设施

教学要求

1. 描述楼梯的构造;
2. 叙述楼梯的分类与设计要求;
3. 叙述电梯与自动扶梯的组成。

● 第一节 楼 梯 ●

房屋各个不同标高之间需设置上下交通联系的设施,这些设施有楼梯、电梯、自动扶梯、爬梯、坡道、台阶等。楼梯作为竖向交通和人员紧急疏散的主要交通设施,使用最广泛;电梯主要用于高层建筑或有特殊要求的建筑;自动扶梯用于人流量大的场所;爬梯用于消防和检修;坡道用于建筑物入口处方便行车用;台阶用于室内外高差之间的联系。

一、楼梯的形式与要求

1.楼梯的形式

根据楼梯在建筑中的平面布置方式不同,楼梯有多种平面布置形式。

一般民用建筑中,最常见的楼梯形式为双梯段的并列式楼梯,称为双跑楼梯(图5-1b)。除此以外,尚有用于层高较低建筑的单跑楼梯(图5-1a),双梯段直跑式(图5-1c),双梯段折角式(图5-1d)。双分双合式,常用于人流较多的建筑或办公类建筑(图5-1f、g)。三跑式楼梯,常用于层高较大的公共建筑中(图5-1e)。除上述形式以外,其他还有剪刀式、螺旋形、弧形楼梯等,见图5-1h)、i)、j)。

2.对楼梯的要求

楼梯作为空间竖向联系构件,应坚固耐久,防火安全;坡度应适宜,使人们行走舒适;应该有足够的通行宽度,使人们通行方便,同时便于搬运家具物品,有足够的疏散能力;位置明显起到提示引导人流的作用;造型美观大方,经济适用,便于施工。

二、楼梯的组成与尺寸

1.楼梯的组成

楼梯一般由楼梯段、平台、栏杆扶手等三部分组成,见图5-2。

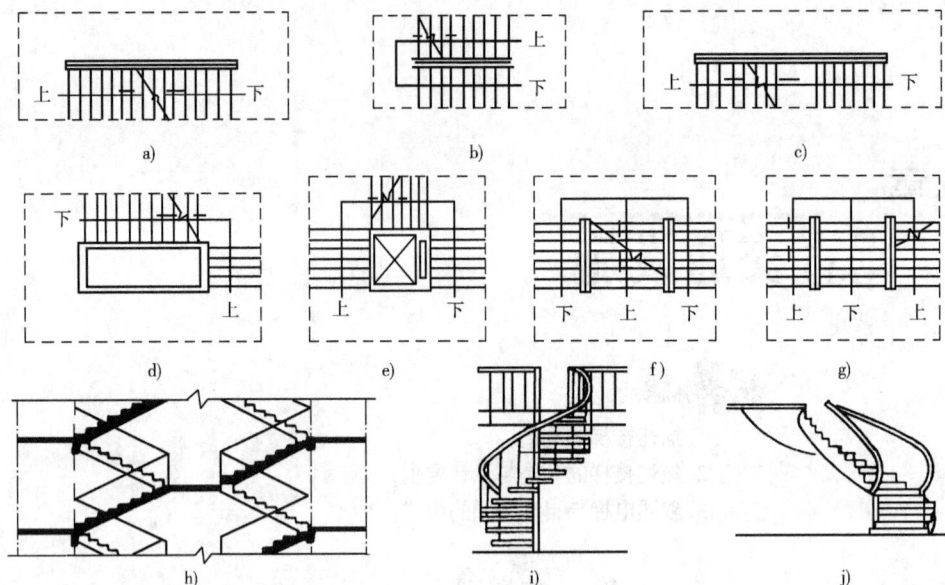

图 5-1　楼梯的形式

a)单跑式楼梯;b)平行双跑式楼梯;c)直行双跑式楼梯;d)折行双跑式楼梯;e)三跑式楼梯;f)双分式;g)双合式;h)剪刀式;i)螺旋式;j)弧形

1)楼梯梯段

由一组连续踏步组成供层间上下行走的通道,叫梯段。为了减轻疲劳,梯段的踏步数一般不宜超过18级,也不宜少于3级,否则步数太少容易被忽视而发生事故。

2)平台

按平台所处位置和高度不同,可分为中间休息平台和楼层平台。为了调节行走中的疲劳和改变行进方向,往往在两楼层中间设置中间休息平台。而与楼地面标高齐平的平台称为楼层平台,除起中间平台的作用外,还用来疏散到达各楼层的人流。

3)栏杆、扶手

为了在楼梯上行走的安全,梯段与平台的临空边缘应设置栏杆,栏杆顶部设扶手供人们依扶。

2. 楼梯的一般尺度

1)楼梯段的宽度

梯段宽度除应符合防火规范的规定外,供日常主要交通用的楼梯的梯段宽度应根据建筑物的使用特征,一般按每股人流宽为[0.55 + (0 ~ 0.15)]m 和人流股数确定,并不应少于两股人流。(0 ~

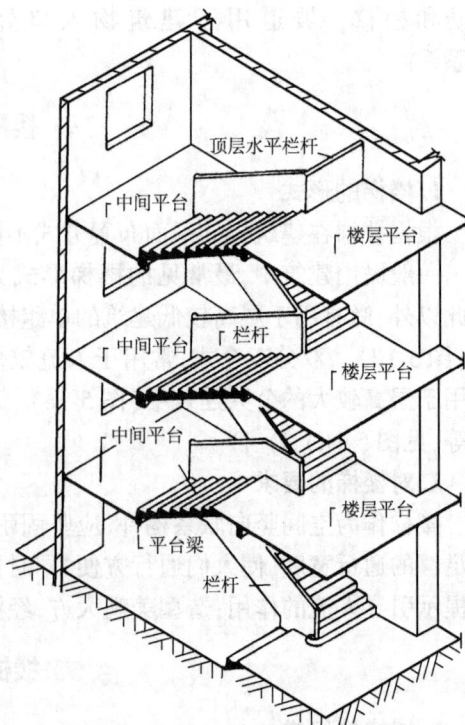

图 5-2　楼梯的组成

0.15)m 为人流在行进中人体的摆幅,公共建筑人流众多的场所应取上限值。一般地,单人通过的梯段宽一般应 >900mm,双人通行为 1100 ~1400mm,三人通行为 1650 ~2100mm。

同时,也要根据建筑设计规范中对梯段宽度的限定。住宅户内楼梯的梯段宽一般应 ≥850mm,住宅公用楼梯的梯段宽一般应 ≥1100mm,公共建筑的楼梯宽度一般应 ≥1300mm 等。供事故疏散用的楼梯,最小宽度为 1100mm。

2)楼梯的坡度

楼梯的坡度越小,越平缓,行走越舒适,但却扩大了楼梯间的进深,增加了建筑面积和造价,因此要协调使用和经济的矛盾,适当地选择楼梯的坡度。

楼梯常见坡度范围为 25° ~45°,其中以 30° 左右较为通用。坡度在 45° 以上时,上下楼梯较为困难,要靠扶手扶持的叫爬梯,如室外消防梯。坡度小于 20° 的采用坡道形式。

楼梯的坡度还要根据房屋的使用性质不同来确定。如公共建筑的楼梯由于使用人数较多,应较平坦,一般采用 26°34′,其坡度为 1:2。住宅的楼梯使用人数较少,坡度可陡一些,常用 1:1.5,即 33°42′。使用人数较少的辅助性楼梯,坡度可以陡一些。人流量多,或为老弱病人、儿童使用的楼梯,坡度应该平缓一些。

3)踏步尺寸

楼梯踏步的尺寸决定了楼梯的坡度。踏步由踏面和踢面组成,踏步的水平面称为踏面,用 b 表示其宽度,垂直面称为踢面,用 h 表示其高度。确定踏步尺寸的经验公式为:

$$b + 2h = 600 \sim 620mm(一般人的平均步距)$$

或
$$b + h = 450mm$$

一般地,h 不应大于 180mm,b 不应小于 250mm。

常用适宜踏步尺寸见表 5-1。

常用适宜踏步尺寸 表 5-1

建 筑 类 型	踢面高(mm)	踏面宽(mm)	建 筑 类 型	踢面高(mm)	踏面宽(mm)
住宅	156 ~175	250 ~300	医院(病人用)	150	300
学校、办公楼	140 ~160	280 ~340	幼儿园	120 ~150	260 ~300
剧院、会堂	120 ~150	300 ~350			

4)平台宽度

梯段改变方向时,平台扶手处的最小宽度应不小于梯段的宽度,以保证通行与梯段同股数的人流,当有搬运大型物件需要时,应再适当加宽。医院建筑还应保证担架在平台处转向通行,其中间平台宽度应大于 1800mm。对于楼层平台宽度,则应比中间平台宽度更宽松一些,以利人流分配和停留。

5)栏杆扶手高度

楼梯应至少在一侧设扶手,梯段净宽达三股人流时应两侧设扶手,达四股人流时应加设中间扶手。

栏杆扶手高度是从踏步面宽度中心到扶手面的竖向垂直高度。一般楼梯扶手高度为 900mm,靠楼梯井一侧水平扶手超过 500mm 长时,其高度应不小于 1000mm。供儿童使用的扶手高度为 500 ~600mm,见图 5-3。

6)楼梯净空高度

楼梯净空高度为自踏步前缘线(包括最低和最高一级踏步前缘线以外0.3m范围内)量至正上方突出物下缘间的铅垂高度,是保证人流通行或家具搬运时所需的竖向净空高度,楼梯平台处梁底下面的净高应不小于2.0m,梯段净高应不小于2.2m,见图5-4。

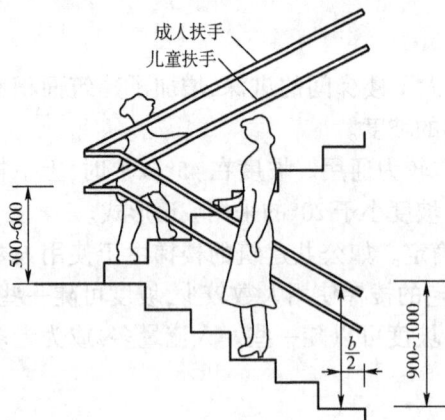

图5-3　楼梯扶手高度(尺寸单位:mm)　　　　图5-4　楼梯净空高度(尺寸单位:mm)

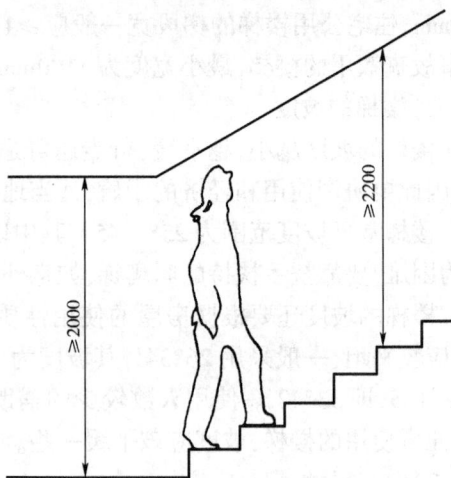

三、钢筋混凝土楼梯构造

钢筋混凝土楼梯具有坚固耐久、防火性能好等优点,应用最为广泛。按施工方式不同有现浇式和预制式二类。现浇式楼梯整体刚度大,但施工速度慢,耗用模板多,自重大,适用于整体性能要求高或特殊异形楼梯。预制装配式楼梯有利于节约模板,提高施工速度,有条件的地区多采用这种形式。

1. 现浇式钢筋混凝土楼梯

1)板式楼梯

不设斜梁,由梯段板承受楼梯的全部荷载,并将荷载传给平台梁再传到墙上,见图5-5c)。板式楼梯结构简单,板底平整,施工方便,用于楼梯跨度不大,荷载较轻时。

2)梁板式楼梯

踏步板支承在斜梁上,斜梁又支承在平台梁上,见图5-5a)、b)。斜梁可设在两侧,也可一侧设斜梁,另一侧搁支在墙上。梁板式梯段比板式梯段可以缩小板垮,减薄板厚。斜梁可上翻,底面平整,俗称暗步;也可下翻上面踏步露明,俗称明步,但在板下露出的梁的阴角容易积灰。荷载由踏步板经斜梁传给平台梁,再传到砖墙上。

2. 预制装配式钢筋混凝土楼梯

预制装配式钢筋混凝土楼梯根据构件尺度不同,可分为小型构件装配式和大型构件装配式。

1)小型构件装配式楼梯

小型构件装配式楼梯的主要特点是构件小而轻,易制作,但施工繁而慢,有时须用较多的人力和湿作业,一般不须大型起重设备即可安装。通常将踏步、斜梁、平台梁、平台板分别预制,然后进行装配。预制踏步的断面有一字形、L形、三角形等。

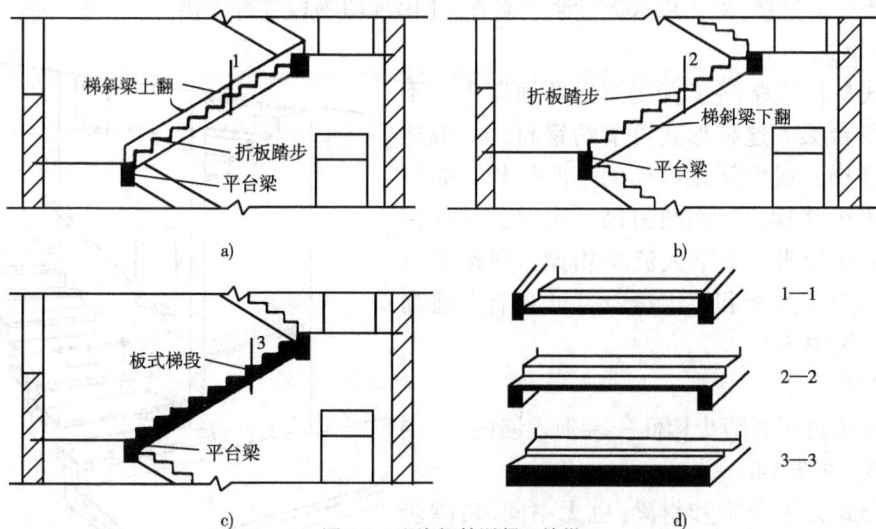

图 5-5 现浇钢筋混凝土楼梯

a)梁板式楼梯斜梁上翻;b)梁板式楼梯斜梁下翻;c)板式梯段

预制踏步的支承结构一般有以下三种:

(1)梁板式

是指梯段由平台梁支承的构造方式。即预制踏步搁置在斜梁上形成梯段,梯段斜梁搁置在平台梁上。平台梁搁在两边墙或柱上,而平台可用空心板或槽形板搁在两边墙上,也可用小型的平台板搁在平台梁和纵墙上,见图5-6。梯斜梁与踏步板一般用水泥砂浆坐浆连接,如需

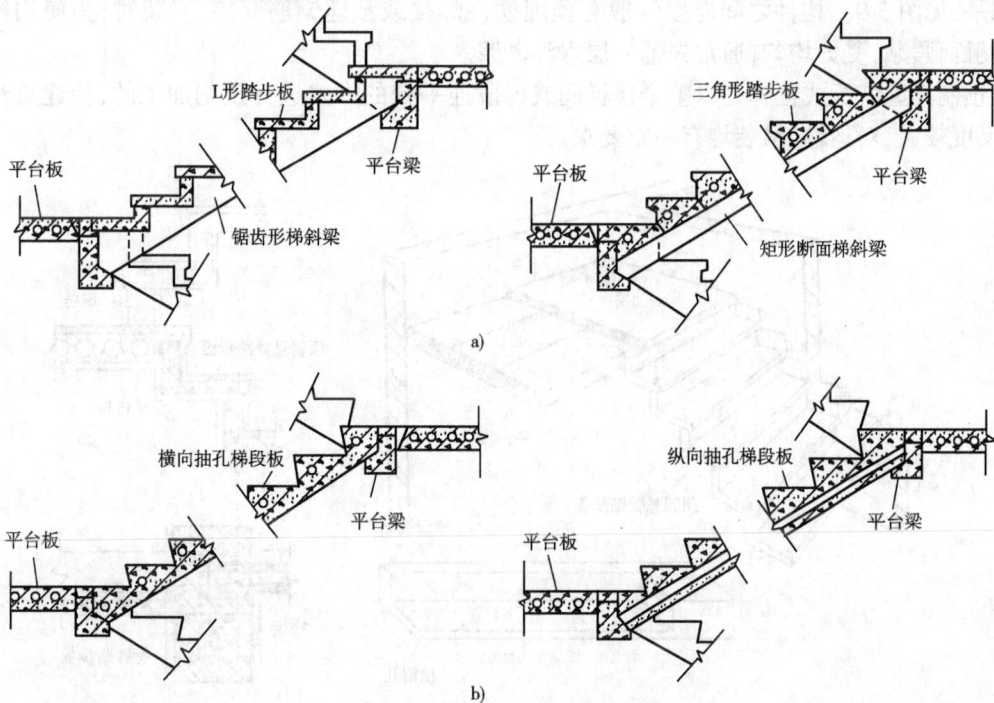

图 5-6 预制梁承式楼梯

加强,可在梯斜梁上预埋插筋,与踏步板支承端预留孔插接,用高强度等级水泥砂浆填实。梯斜梁与平台梁的连接,除了用水泥砂浆坐浆外,还用预埋钢板进行焊接。

（2）墙承式

墙承式是把预制踏步直接搁在两面墙上,不用斜梁和平台梁。这种形式可节约钢材,一般适用于单跑楼梯,或中间设电梯的三跑楼梯,如果用于双跑平行楼梯,中间须另砌一道墙,这样使得光线、视线受阻,上下人流易相撞,搬运家具也不方便,为了采光和扩大视野,可在墙上适当部位留洞,见图5-7。

（3）悬臂式

悬臂式是将预制踏步构件一端砌入墙内,一端悬挑的形式,见图5-8。

这种形式无平台梁和斜梁,也无中间墙,踏步板一般用肋在上的L型踏步。特点是造型轻巧,结构简单,但施工较麻烦,整体刚度差,不宜用于地震区。

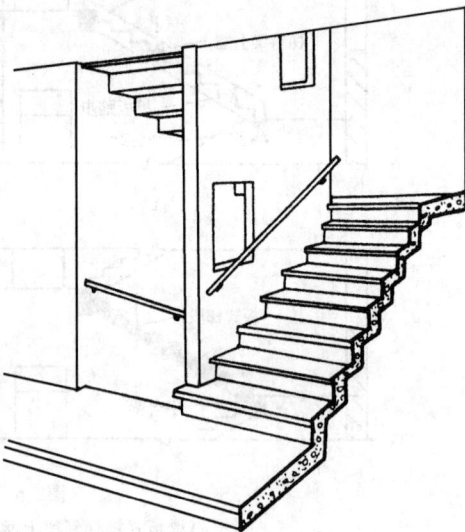

图 5-7　预制墙承式楼梯

2）中型、大型构件装配式楼梯

中型构件装配式双折楼梯一般是以楼梯段和楼梯平台各做成一个构件装配而成。由于减少了预制构件的品种和数量,可以利用吊装工具进行安装,简化了施工过程,提高了建筑机械化水平,见图5-9。构件之间连接一般有预埋铁件焊接或预埋钢筋套接,安装时,为使用构件间接触面紧贴,受力均匀,通常先铺一层水泥砂浆。

预制大型装配式楼梯是以整个楼梯间或梯段连平台的形式进行预制加工的,构建重量较重,尺度较大,对运输、吊装均有一定要求。

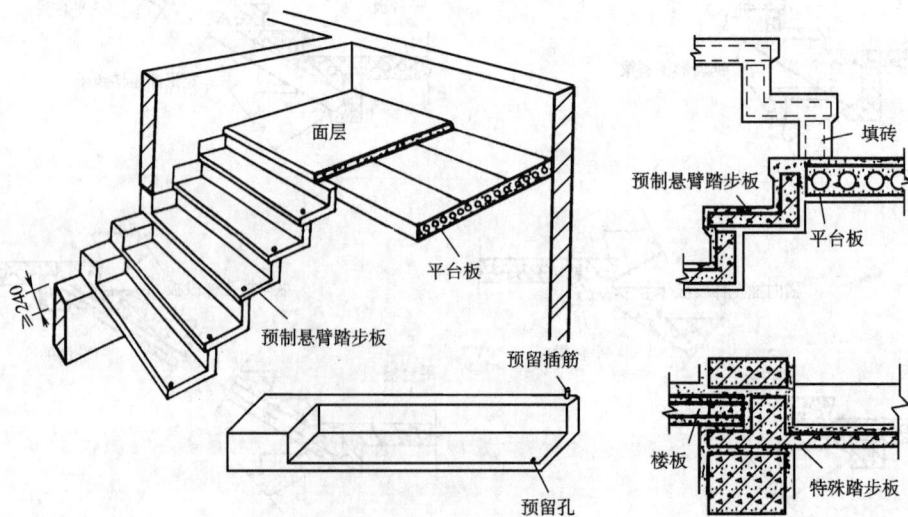

图 5-8　悬臂式楼梯(尺寸单位:mm)

3) 踏步面层、栏杆、扶手

（1）踏步面层及防滑措施

踏步面层应做到耐磨、美观、易清洁,不起尘,其做法与楼地面做法基本相同,常用的为水泥砂浆抹面,装修标准较高的,可采用水磨石面层、缸砖面层、大理石面层等。

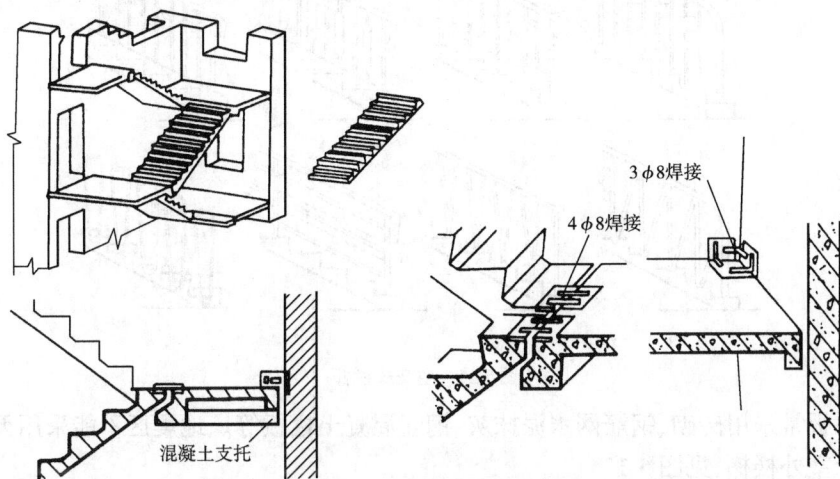

图 5-9　中型构件装配式楼梯

为了避免人在楼梯上行走时滑倒,并且起到保护踏步阳角的作用,一般在踏步表面设防滑条,其位置靠近踏步阳角处,凸出踏步面 2~3mm。常用材料有金刚砂、金属条、马赛克等,讲究的建筑也可铺地毯,见图 5-10。

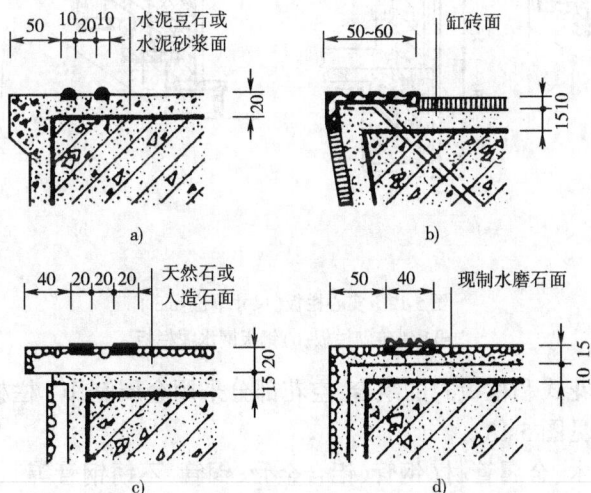

图 5-10　踏步防滑条构造(尺寸单位:mm)

a)金刚砂防滑条;b)铸铁防滑条;c)马赛克防滑条;d)有色金属防滑条

（2）栏杆与扶手

栏杆形式有空花式、实心栏板、组合式三种。

空花式栏杆一般由钢材制作,也可用铝合金型材、不锈钢制作,具有重量轻,空透轻巧的特点,多用于室内楼梯,见图5-11。这种栏杆应注意杆件形成的空花尺寸不宜过大,通常控制在120～150mm之间,以避免不安全感。

图5-11 空花式栏杆

实心栏板常采用砖砌、钢筋网水泥抹灰、钢筋混凝土栏板等。地震区不能采用无筋砖砌栏板。多用于室外楼梯,见图5-12。

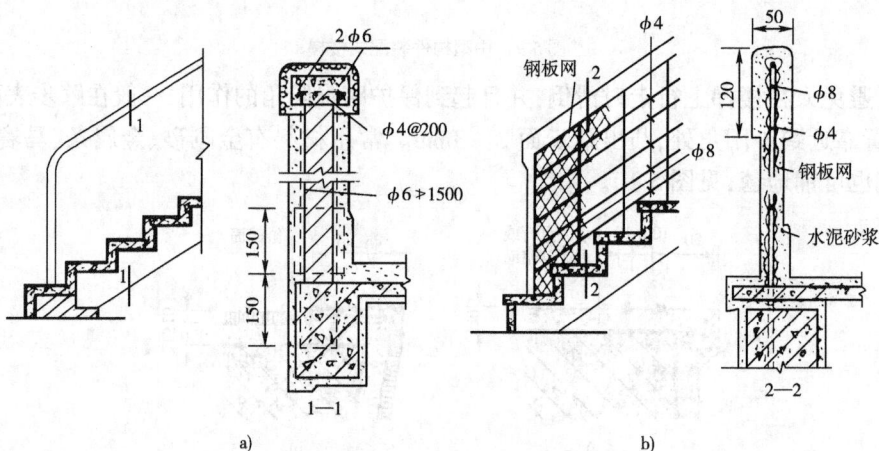

图5-12 实心栏板(尺寸单位:mm)
a)1/4砖砌栏板;b)钢板网水泥栏板

组合式栏杆是空花式和栏板式的组合,空花部分采用金属制作,栏杆部分用木板、塑料贴面板、钢化玻璃板等,见图5-13。

楼梯扶手可用硬木、金属管材(钢管、铝合金管、铜管、不锈钢管等)、塑料、水磨石、大理石等制成,见图5-14。

栏杆竖杆与梯段、平台的连接一般是在梯段浇筑时预留孔洞,将金属栏杆插入洞内,用细石混凝土锚固;或在浇筑梯段时预埋钢板,把金属栏杆焊接在钢板上,见图5-15。

金属管材扶手与栏杆竖杆的连接一般采用焊接或锚接;空花式栏杆和混合式栏杆当采用木扶手或金属扶手时,一般在栏杆竖杆顶部设置通长扁钢与扶手底面或侧面槽口榫接,并用木螺丝固定。

当采用靠墙扶手时,一般在砖墙上留洞,将扶手连接杆件插入洞内,用细石混凝土锚固。当扶手与钢筋混凝土墙连接时,可采用预埋钢板焊接,见图5-16。

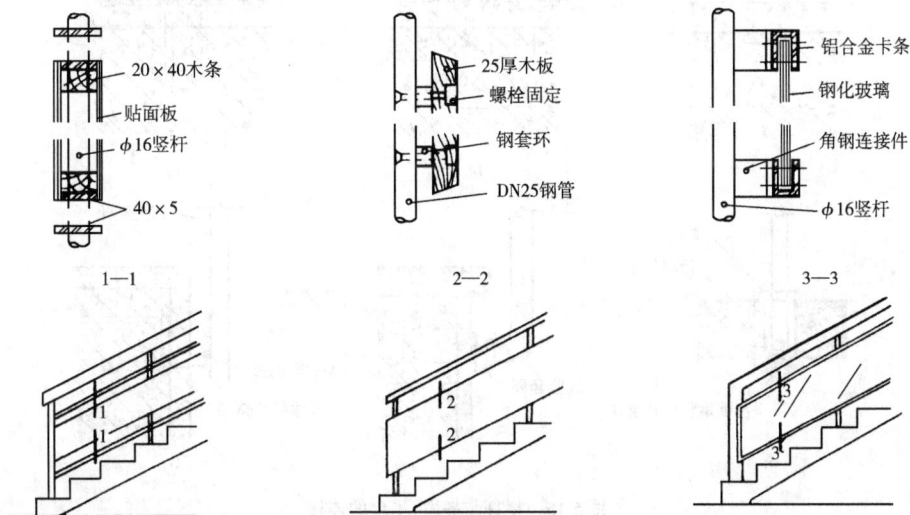

图5-13 组合式栏杆(尺寸单位:mm)

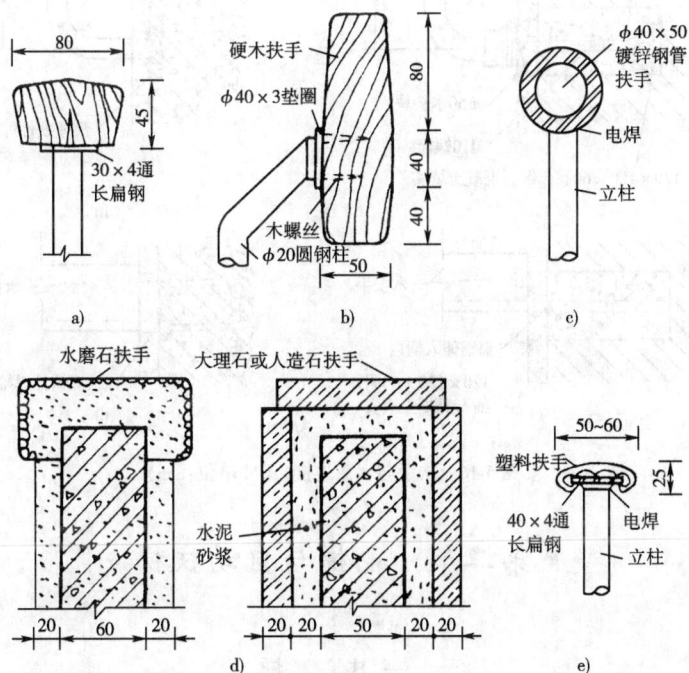

图5-14 扶手形式(尺寸单位:mm)

57

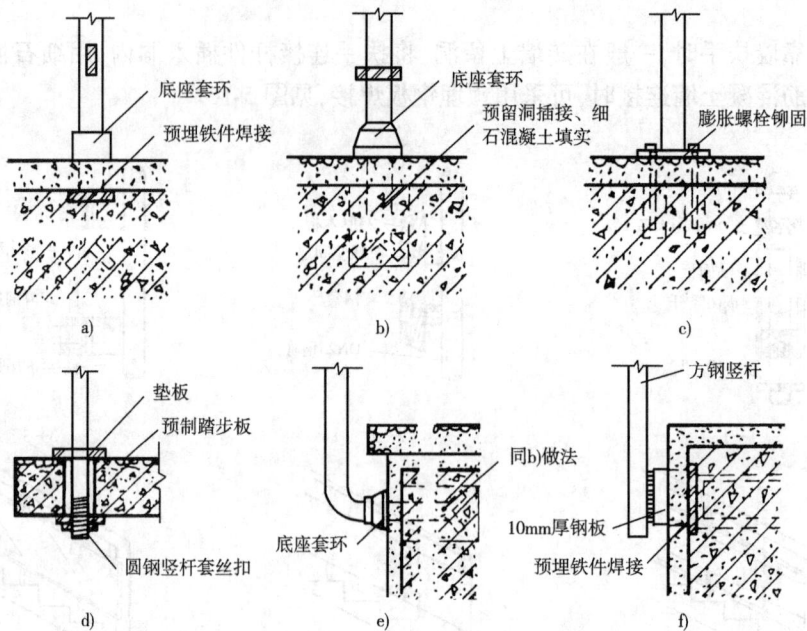

图 5-15 栏杆与梯段、平台的连接

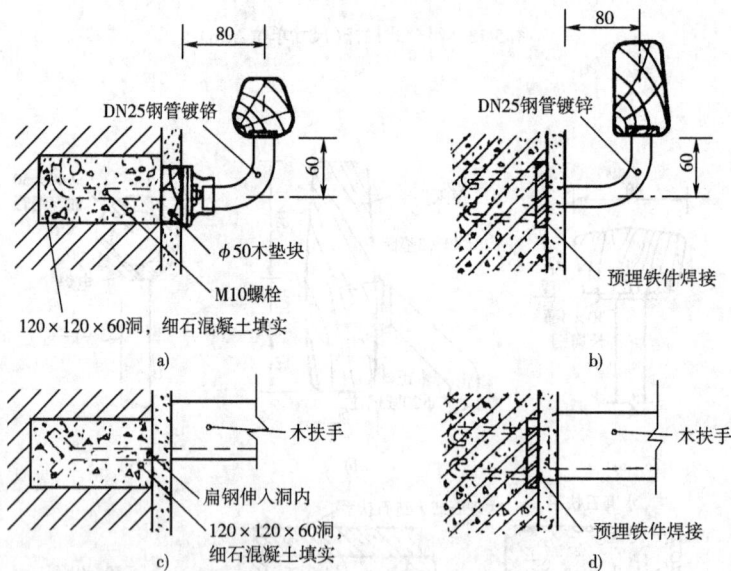

图 5-16 扶手与墙面连接(尺寸单位:mm)

● 第二节 电梯与自动扶梯 ●

一、电　梯

在高层和多层建筑中,为了运行方便,常设置电梯。电梯按使用性质可分为客用电梯、货用电梯、消防电梯。在客用电梯中还有一种观赏电梯,多用于大型公共建筑之中,见图5-17。电梯通常由轿厢、电梯井道、运载设备等部分构成。

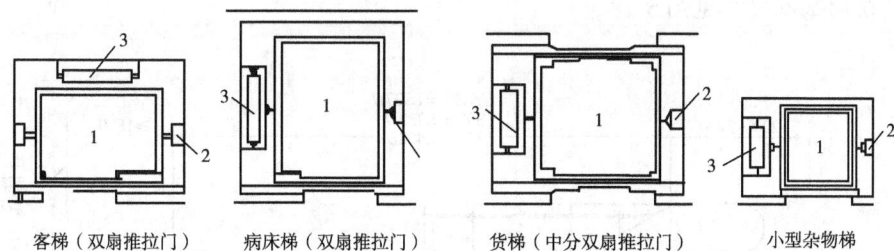

客梯（双扇推拉门）　　病床梯（双扇推拉门）　　货梯（中分双扇推拉门）　　小型杂物梯

图5-17　电梯分类与井道平面
1-电梯箱;2-导轨及撑架;3-平衡重

1. 电梯井道

电梯井道是电梯运行的通道,除了电梯及出入口以外,还安装有导轨、平衡重及缓冲器等,见图5-17。从消防和抗震要求,井道多采用钢筋混凝土墙。同时,井道的隔振与隔声、通风、防水防潮、检修及照明也应满足一定的要求。

2. 井道地坑

井道地坑是指建筑物最底层平面以下部分的井道,其高度 $H \geq 1.4 \mathrm{m}$,作为轿厢下降时必备的缓冲器所需的空间。

3. 电梯机房

一般设在电梯井道的顶部。应设弹性垫层隔振,并设 1.5m 高的隔声层。机房的平面尺寸根据设备尺寸及平面布置、使用、维修所需空间而定,一般沿井道平面任意两个相邻方向每边扩出 600mm。其高度一般为 2.5~3.5m,防火要求与井道相同。

4. 电梯门套及轿厢

电梯门套装修与电梯厅墙面装修应统一考虑,达到协调统一,可用水磨石或木板,高级的可采用大理石或不锈钢板。电梯门一般为双扇推拉门,宽度一般取值为 800~1500mm,开启方式一般为中分推拉式或旁开双折推拉式。

轿厢指载人、运货的厢体。轿厢电梯井壁导轨由导轨支架支承固定,通过牵引轮,平衡锤,使轿厢上下升降安全运行。电梯运行速度视使用要求而定:消防电梯大于等于 2m/s;货运电梯在 2m/s 以内;客运电梯在 1~1.75m/s 之间。

二、自 动 扶 梯

自动扶梯适用于商场、宾馆、车站、码头、地铁、航空港等人流量大且集中的场所,是建筑物中载客效率较高的运输设备。自动扶梯由电梯机械牵引,梯段踏步连同扶手同步运行,一般自动扶梯可正逆向运行,在停机时,可作为临时楼梯使用。自动扶梯有水平式和成角式两种。水平式一般用于水平距离较长的交通通道,如机场、车站等公共建筑。成角式一般用于楼层之间垂直交通使用。运行速度一般为 0.5~0.7m/s,宽度根据人的流量设置。自动扶梯一般应布置在建筑物入口附近,人流交通比较方便的位置,梯的上、下口处应留有适当的空间,供人流集散和缓冲使用。设计时应该按自动扶梯厂家提供的产品样本和有关技术要求,在土建设计中留有相应的孔洞及埋件,经厂家最后认定后再进行施工。

自动扶梯基本尺寸见图5-18。

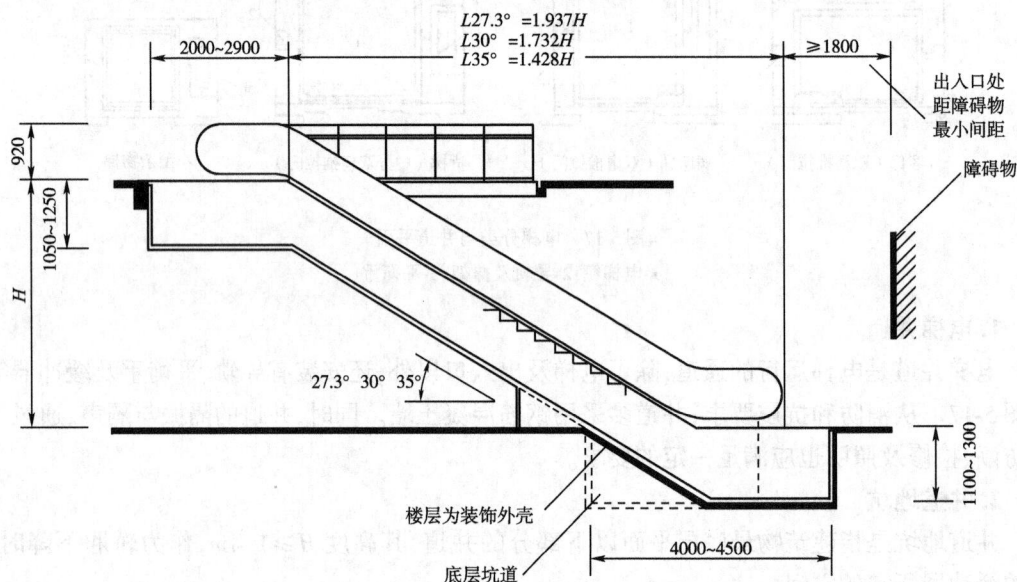

图5-18 自动扶梯基本尺寸(尺寸单位:mm)

本 章 小 结

楼梯是竖向交通和人员紧急疏散的主要交通设施,使用最广泛。一般民用建筑中,最常见的楼梯形式为双跑楼梯。楼梯由楼梯段、平台、栏杆扶手组成。

楼梯段、平台的宽度按人流股数确定,且满足使用要求。楼梯常见坡度范围为$25° \sim 45°$,其中以$30°$左右较为通用。确定踏步尺寸的经验公式为$b + 2h = 600 \sim 620mm$。楼梯平台处梁底下面的净高不宜小于$2.0m$,梯段净高应大于$2.2m$。

楼梯有现浇和预制装配式钢筋混凝土楼梯之分。现浇楼梯分为板式和梁板式。

电梯是大型建筑和高层建筑的主要垂直交通设施。由轿厢、梯井、机房、井道、地坑等组成。自动扶梯主要用于人流多的公共建筑。

复习思考题

1. 按照平面布置方式不同,楼梯的形式有哪些?

2. 楼梯由几部分组成?楼梯段的宽度是如何确定的?

3. 楼梯常见坡度范围是多少?

4. 确定踏步尺寸的经验公式是什么?

5. 楼梯净空高度的规定是什么?

6. 现浇式钢筋混凝土楼梯分为几种类型?

7. 预制装配式钢筋混凝土楼梯有几种类型? 各有什么特点?

8. 小型构件装配式楼梯有几种类型? 各有什么特点?

第六章

屋 顶

1. 描述平屋顶的构造；
2. 叙述平屋顶的排水与防水方式；
3. 描述坡屋顶的构造。

● 第一节 概 述 ●

一、屋顶的功能和设计要求

屋顶是房屋最上层与室外分隔的外围护结构,其主要功能是抵御自然界的风、雨、雪、太阳辐射和气温变化等的影响。同时,屋顶也是建筑物上层的承重结构,承受自重和屋顶上的风荷载、雪荷载等。屋顶对建筑物的外观也有直接的影响,是建筑风格和建筑艺术的体现。

对屋顶的设计要求包括:防水可靠;排水迅速;自重轻,结构安全、可靠;有足够的保温能力和隔热能力;结构简单,施工方便;与建筑物整体配合协调,有良好的外观效果。其中防水是核心。根据《屋面工程技术规范》(GB 50345—2004)的规定,屋面防水划分为四个等级,见表6-1。

屋面防水等级和防水要求　　　　　　　　　　　　　　　　　　　表6-1

项 目	屋 面 防 水 等 级			
	I 级	II 级	III 级	IV 级
建筑物类别	特别重要或对防水有特殊要求的建筑	重要的建筑和高层建筑	一般的建筑	非永久性的建筑
防水层合理使用年限	25 年	15 年	10 年	5 年
设防要求	三道或三道以上防水设防	二道防水设防	一道防水设防	一道防水设防
防水层选用材料	宜选用合成高分子防水卷材、高聚物改性沥青防水卷材、金属板材、合成高分子防水涂料、细石防水混凝土等材料	宜选用高聚物改性沥青防水卷材、合成高分子防水卷材、金属板材、合成高分子防水涂料、细石防水混凝土、平瓦、油毡瓦等材料	宜选用高聚物改性沥青防水卷材、合成高分子防水卷材、三毡四油沥青防水卷材、金属板材、高聚物改性沥青防水涂料、合成高分子防水涂料、细石防水混凝土、平瓦、油毡瓦等材料	可选用二毡三油沥青防水卷材、高聚物改性沥青防水涂料等材料

二、屋面的形式

屋顶主要由屋面和承重结构组成,同时还设有保温、隔热、隔声、防火等辅助层和设施。

屋顶的类型很多。按屋面外部形式分,常见的有平屋顶、坡屋顶和空间曲面屋顶等,见图6-1。按屋面防水构造分,有卷材防水屋面、刚性防水屋面、涂膜防水屋面和瓦类防水屋面。

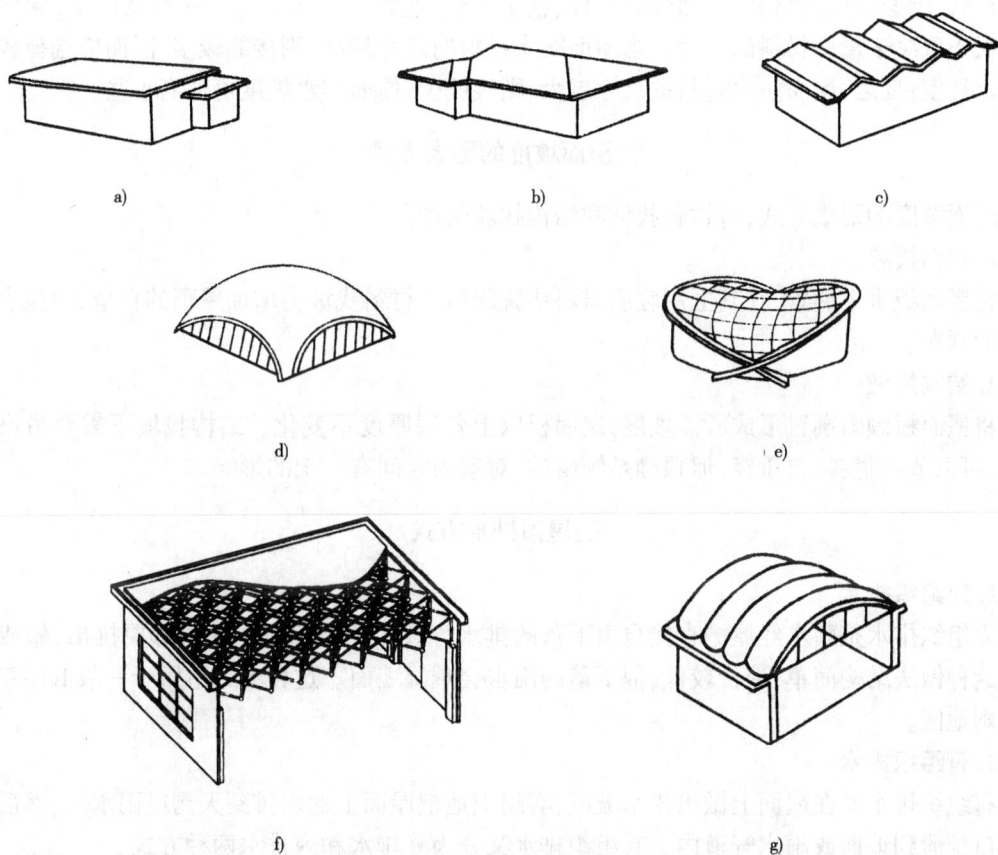

图 6-1 屋顶的类型
a)平屋顶;b)坡屋顶;c)折板屋顶;d)薄壳屋顶;e)悬索屋顶;f)网架屋顶;g)拱形屋顶

1. 平屋顶

平屋顶一般是用现浇或预制的钢筋混凝土屋面板作基层,上面铺设卷材防水层或其他类型防水层。通常屋面坡度小于5%,常用坡度范围为2%~3%。

2. 坡屋顶

坡屋顶通常以屋架作为承重结构,屋面坡度一般大于10%,常用坡度范围为10%~60%。

3. 空间曲面屋顶

空间曲面屋顶的支承结构为空间结构,常见的有拱形、折板、薄壳、悬索、网架等屋顶形式。常用于大跨度的公共建筑,如影剧院、体育馆、车站等。

● 第二节　屋顶的排水 ●

一、排水坡度

为了便于排水,屋面必须有一定的坡度。屋面坡度的大小与诸多因素有关,例如,屋顶的结构形式、屋面所用的材料、自然气候条件、施工方法、建筑造型要求等。一般情况下,屋面坡度的大小取决于屋面材料的尺寸。当屋面防水材料的尺寸越小,则接缝较多,因而应选择较大的排水坡度;反之,屋面防水材料的尺寸越大,则接缝少,屋面排水坡度可适当小些。

二、屋面坡度的形成方式

屋面坡度的形成方式,有材料找坡和结构找坡两种。

1. 材料找坡

将屋面板水平搁置,在其上用轻质材料垫置起坡。材料找坡会增加屋顶的重量,但能形成水平的顶棚。

2. 结构找坡

将屋面板倾斜搁置形成所需坡度,屋面板以上各层厚度不变化。结构找坡不需要另设找坡层,可以节省材料,自重轻,但顶棚是倾斜的,对室内空间有一定的影响。

三、屋顶排水方式

1. 无组织排水

无组织排水是雨水经屋檐直接自由下落的排水方式。无组织排水的檐部要挑出,做成挑檐。这种做法结构简单,造价较低,但下落的雨水会溅湿墙面。这种方式适用于一般低层建筑或少雨地区。

2. 有组织排水

有组织排水是在屋面上做出排水坡度,有组织地把屋面上的水排到天沟或雨水口,然后经雨水口排泄到地面或雨水管道内。有组织排水又分为外排水和内排水两种方式。

● 第三节　平屋顶的构造 ●

由于平屋顶的坡度小,排水缓慢,因而要加强屋面的防水构造处理。目前平屋顶常用的防水材料主要有卷材防水、涂膜防水、刚性材料防水等。

一、卷材防水屋面

用于屋面的防水卷材有合成高分子防水卷材、高聚物改性沥青类防水卷材、沥青防水卷材。卷材防水屋面的基本构造层次由找平层、结合层、防水层和保护层组成。

1. 找平层

为防止卷材铺设时凹陷断裂,应将其铺设在表面平整的刚性垫层上。一般在结构层或保温层上做约 15～30mm 厚的 1:2.5～1:3 的水泥砂浆或 1:8 沥青砂浆找平层。干燥后作为卷材屋面的基层。

2. 结合层

结合层是为了使卷材与基层胶结牢固而涂刷的基层处理剂。沥青类卷材常采用冷底子油，这种沥青稀释溶液一般用柴油或汽油作为溶剂，叫冷底子油。改性沥青卷材常采用改性沥青粘结剂。高分子卷材常用配套处理剂，也采用冷底子油或乳化沥青做结合层。

3. 防水层

沥青类防水卷材防水层是由沥青胶结材料和油毡交替粘合而成。一般平屋顶铺三层油毡，间隔涂浇四层沥青，通称三毡四油；重要部位或严寒地区的屋面须做四毡五油。

卷材铺设方向：当屋面坡度≤3%时，卷材宜平行于屋脊由下向上铺设；当屋面坡度在 3%～15% 之间时，卷材可平行或垂直屋脊铺设；当屋面坡度＞15% 或屋面受振动时，卷材应垂直屋脊铺设。高聚物改性沥青防水卷材和合成高分子防水卷材可平行或垂直屋脊铺设。同时，为保证卷材屋面防水质量，卷材之间应有一定的搭接宽度，上下层及相邻卷材的搭接缝应错开。

4. 保护层

为了防止防水层直接受风吹日晒而开裂，造成漏水，应在防水层上面设保护层。保护层分不上人屋面和上人屋面两种做法。

对于不上人屋面，沥青油毡防水屋面一般是在防水层上撒粒径 3～5mm 的小石子，俗称绿豆砂保护层。高分子卷材通常是在卷材上涂刷水溶型或溶剂型的浅色着色剂，如氯丁银粉胶等。不上人屋面卷材防水做法见图 6-2。

上人屋面的保护层，可以在防水层上浇筑 30～40mm 厚的细石混凝土面层，每隔 2m 左右设一道分仓缝。也可以铺设预制混凝土板、缸砖等面层，用水泥砂浆或沥青砂浆做结合层。

除此之外，为满足使用功能要求，屋顶还应设置保温层，保温层一般设在屋顶结构层与防水层之间。为了防止室内水蒸气渗入保温层内，一般在保温层下设一道隔气层。屋顶保温材料应采用轻质、保温性能好、吸水率小的材料。

二、刚性防水屋面

刚性防水屋面是以伸缩性很小的防水材料作为防水层的屋面。如采用防水砂浆抹面或用密实混凝土浇筑成面层的屋面。

细石混凝土防水屋面，是在钢筋混凝土屋面板上浇筑不小于 40mm 厚、强度等级不低于 C20 的细石混凝土，并应配置直径为 $\phi4～\phi6$、间距为 100～200mm 的双向钢筋网片。为了防止因温度变化产生的裂缝无规律地开展，通常刚性防水层应设置分格缝。分格缝的位置，应设在屋面板的支承端、屋面转折处、防水层与突出屋面结构的交接处，其纵横间距不宜大于 6m，分格缝的宽度为 20～40mm，缝内嵌填密封材料。

细石混凝土防水层与基层间宜设置隔离层。隔离层可采用纸筋灰、麻刀灰、低强度等级砂浆、干铺卷材等，见图 6-3。

保护层：
- a.粒径3~5mm绿豆砂（普通油毡）
- b.粒径1.5~2石粒或砂粒（SBS油毡自带）
- c.氯丁银粉胶、乙丙橡胶的甲苯溶液加铝粉（三元乙丙橡胶卷材）

防水层：
- a.普通沥青油毡卷材（三毡四油）
- b.高聚物改性沥青防水卷材（如SBS改性沥青卷材）
- c.合成高分子防水卷材

结合层：
- a.冷底子油
- b.配套基层及卷材胶粘剂

找平层：1：3水泥砂浆20mm厚

找坡层：按需要而设（如1：8水泥炉渣）

结构层：钢筋混凝土板

防水层：40mm厚C20细石混凝土内配ϕ4 @100~200双向钢筋网片

隔离层：纸筋灰或低强度等级砂浆或干铺油毡

找平层：20mm厚1：3水泥砂浆

结构层：钢筋混凝土板

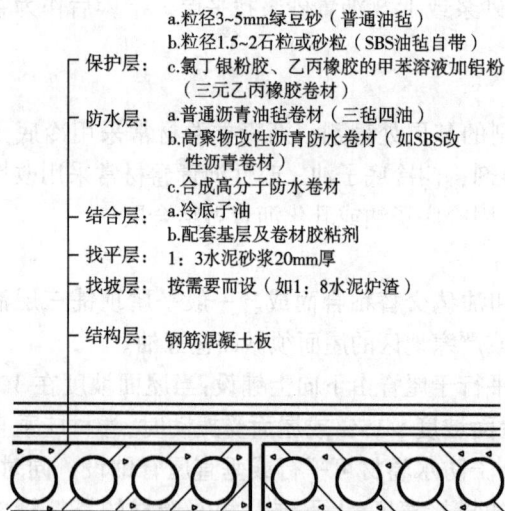

图 6-2　不上人屋面卷材防水构造

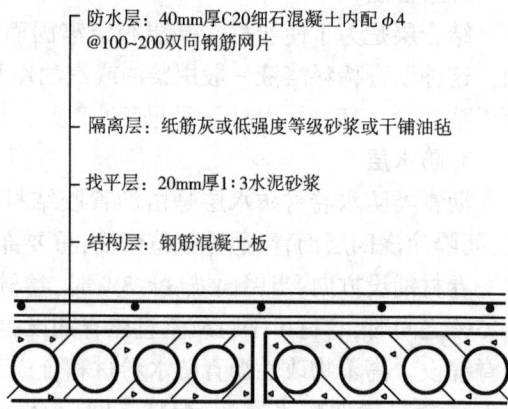

图 6-3　细石混凝土防水屋面构造

● 第四节　坡屋顶的构造 ●

一、坡屋顶的形式和组成

　　坡屋顶是传统的屋顶形式，坡屋顶一般有单坡、双坡和四坡屋顶等形式。坡屋顶的屋面常采用瓦，瓦有粘土瓦、水泥瓦、琉璃瓦、金属瓦、钢丝网水泥大波瓦、石棉水泥瓦、玻璃钢瓦等多种。

　　坡屋顶由承重结构、屋面两部分组成，其防水作用主要由屋面覆盖材料完成，必要时还可设置顶棚、保温层、隔热层等其他层次，见图6-4。

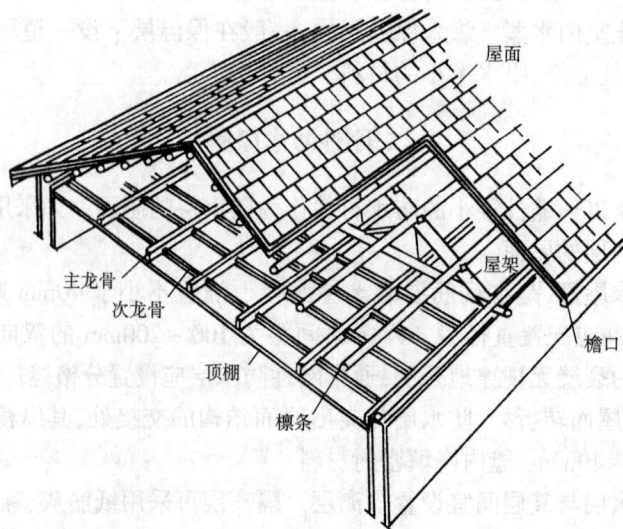

图 6-4　坡屋顶的组成

坡屋顶的承重结构包括屋架、檩条、椽子等。屋面包括屋面盖料和基层,如屋面板、顺水条、挂瓦条和瓦等。

二、坡屋顶的承重结构形式

1. 檩式结构

在山墙或屋架上沿房屋纵向布置檩条作为屋顶的承重体系,称为檩式结构。根据檩条的搁置方式,檩式结构又分为山墙支承、屋架支承和梁架支承。

1)山墙支承

山墙支承的檩式结构,又称为硬山搁檩,它是将横墙上部砌成三角形,直接将檩条搁置在墙上以支承屋顶荷载。见图6-5。

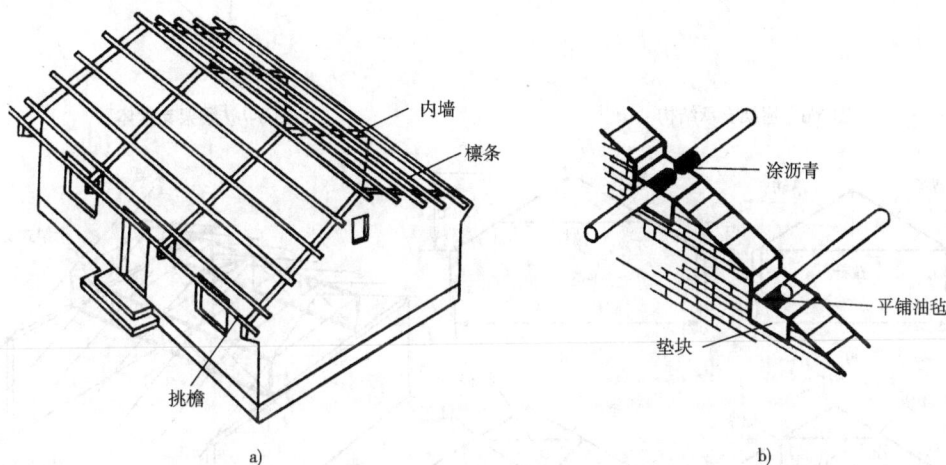

图 6-5 硬山搁檩

2)屋架支承

一般建筑屋架常见的为三角形屋架,用来架设檩条以支承屋面荷载。屋架通常支承在房屋的纵向外墙或柱上。屋架可用木材、钢材或钢筋混凝土等材料制成。为了加强屋架系统的纵向水平刚度和稳定性,在屋架间需设支撑系统。屋架支承的结构形式见图6-6。

3)梁架支承

梁架也称木构架,是我国传统的结构形式,它由柱和梁组成。檩条把一排排梁架连系起来,形成一个整体骨架。墙体填充在骨架之间,只起围护和分隔作用,不承受上部荷载,见图6-7。由于这种结构形式需要大量的木材,现已很少使用。

2. 椽式结构

椽式结构,是指以小间距布置椽架而不用檩条的屋面支承体系。椽梁的间距一般为400～1200mm,由于间距小,用料截面也较小,布置比较灵活。椽式结构由椽架、拉杆、支架、斜支架等构件组成,见图6-8。利用屋顶层做阁楼者,椽架的坡度可以大些,使阁楼能有较大的空间。

三、平瓦屋面的构造

平瓦有水泥瓦与粘土瓦两种,其外形按排水要求设计和制作。每片瓦的尺寸约为400mm

×230mm,互相搭接后有效尺寸约为330mm×200mm,每平方米屋面约需15块。在坡屋顶中,平瓦应用广泛。平瓦屋面的缺点是接缝多,当不设屋面板时容易飘进雪造成屋顶漏水。

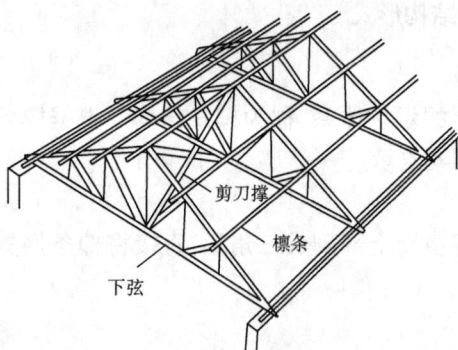

图 6-6　屋架支承结构

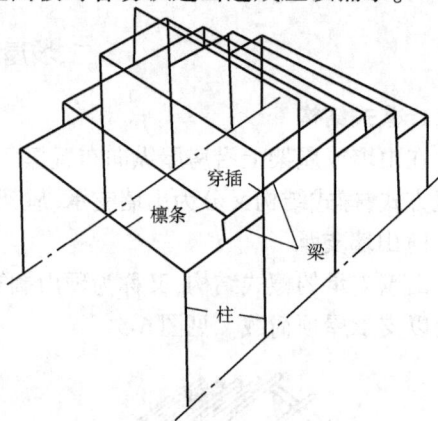

图 6-7　梁架支承体系

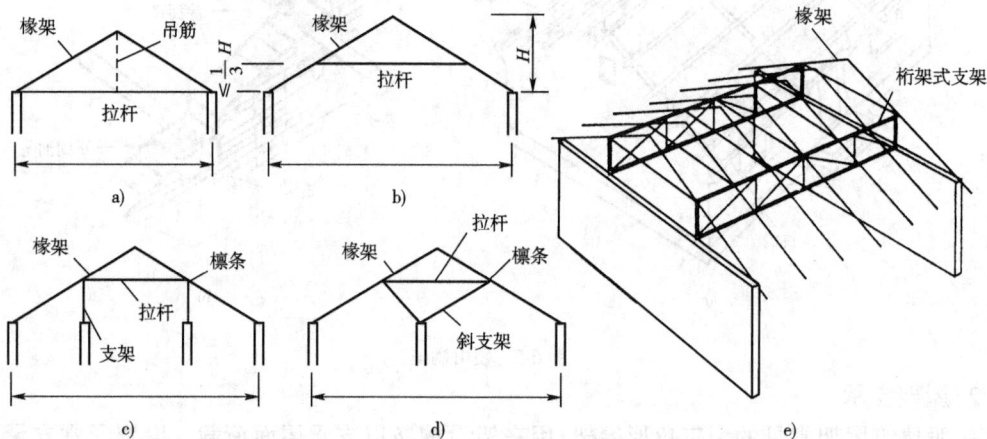

图 6-8　椽式结构

a)三角形椽架;b)高拉杆椽架;c)支架支承椽架;d)斜支架支承椽架;e)桁架支承椽架

常见的平瓦屋面构造有以下两种:

1. 屋面板平瓦屋面

屋面板平瓦屋面是在檩条或椽条上钉屋面板,屋面板上钉顺水条和挂瓦条挂瓦的屋面。屋面板的厚度为15～20mm,板上平行于屋脊方向干铺一层油毡,油毡顺水搭接,搭接长度不小于80mm,用顺水条将油毡钉在屋面板上,在顺水条上钉挂瓦条挂瓦,见图6-9。

2. 钢筋混凝土挂瓦板平瓦屋面

这种屋面是将钢筋混凝土挂瓦板搁置在横墙或屋架上,用以代替檩条、屋面板和挂瓦条,再

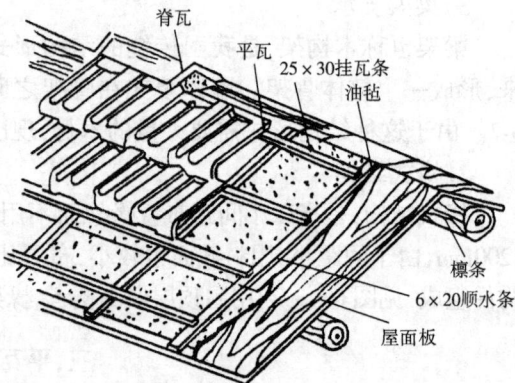

图 6-9　屋面板平瓦屋面构造

在挂瓦板上直接铺挂平瓦。挂瓦板与横墙应连接牢固,挂瓦板之间的缝隙用水泥砂浆填实。见图6-10。

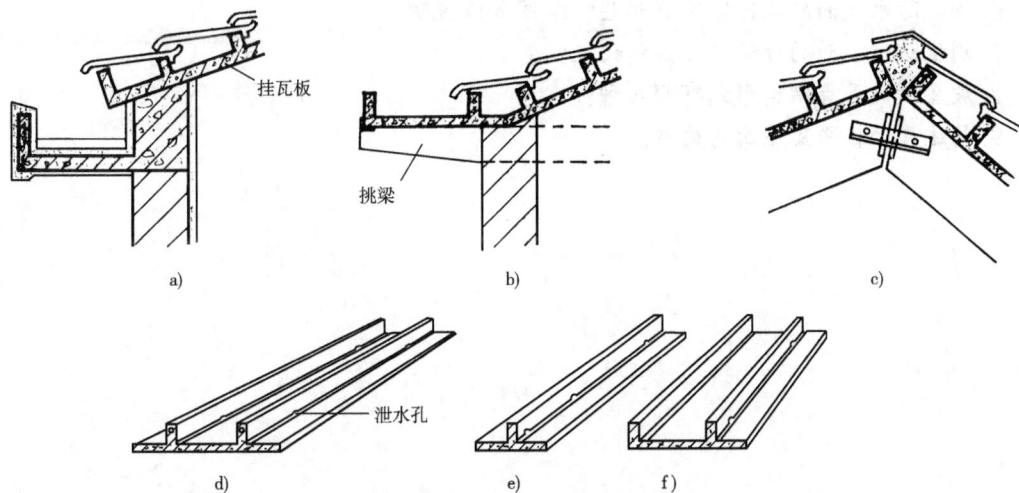

图6-10 挂瓦板平瓦屋面构造

a)挂瓦板屋面檐口构造;b)挂瓦板屋面檐口构造(加挑梁);c)挂瓦板屋面屋脊构造;d)双肋板;e)单肋板;f)F形板

本 章 小 结

屋顶是房屋最上层的外围护结构。屋顶主要由屋面和承重结构组成,常见的有平屋顶、坡屋顶和空间曲面屋顶等。

屋顶坡度主要取决于屋面材料的尺寸。平屋顶的坡度范围一般为2%~5%。坡屋顶的屋面坡度常在10%以上。屋面坡度的形成有材料找坡和结构找坡。屋顶排水方式分为无组织排水和有组织排水。

卷材防水屋面的基本构造层次由找平层、结合层、防水层和保护层组成。刚性防水屋面防水层应设置分格缝。分格缝的位置,应设在屋面板的支承端、屋面转折处、防水层与突出屋面结构的交接处。

坡屋顶由承重结构、屋面两部分组成。坡屋顶的承重结构形式分为檩式结构和椽式结构。檩式结构又分为山墙支承、屋架支承和梁架支承。常见的平瓦屋面构造有屋面板平瓦屋面和钢筋混凝土挂瓦板平瓦屋面。

复习思考题

1.屋顶的功能和设计要求是什么?

2.屋顶由什么组成?常见形式有哪些?

3.屋面坡度的形成方式有几种?有什么优缺点?

4. 屋面排水方式分为几种形式？

5. 卷材防水屋面构造层次有哪些？各层次做法是什么？绘图加以说明。

6. 刚性防水屋面的构造做法有哪些？绘图加以说明。

7. 刚性防水屋面的分格缝应如何设置？

8. 坡屋顶的承重结构形式有哪几种？

9. 简述屋面板平瓦屋面的构造。

第七章
窗 和 门

教学要求

1. 叙述门窗的分类；
2. 描述门窗的构造。

● 第一节　窗的分类与构造 ●

窗是建筑围护结构中的一个部件,它除起到分隔、保温、隔声、防水、防火等作用外,主要的功能是采光、通风和眺望等。

一、窗 的 分 类

1. 按材料分类

可分为木窗、钢窗、铝合金窗、塑料窗等。此外还有玻璃钢、钢塑、铝塑等材料制作的窗。

2. 按层数分

由于保温、隔声的要求,窗分为单层、双层、三层窗,北方寒冷地区多采用双层窗。

3. 按窗的开启方式分类(图 7-1)

1)平开窗

水平开启的窗,有内开、外开之分,构造简单,制作、安装、维修均方便,因此是民用建筑中

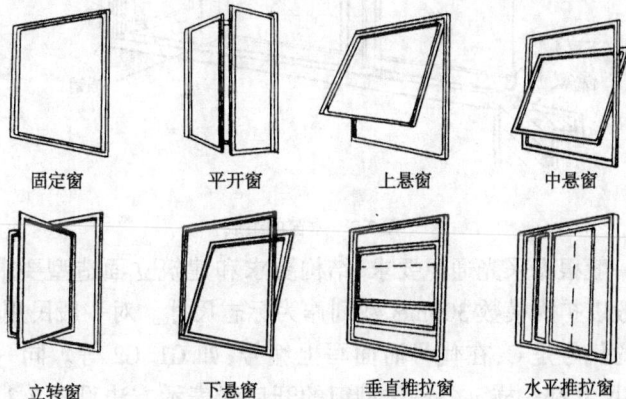

固定窗　　　平开窗　　　上悬窗　　　中悬窗

立转窗　　　下悬窗　　　垂直推拉窗　　水平推拉窗

图 7-1　窗的开启方式

广泛使用的一种窗。

2）固定窗

不能开启的窗，供采光、眺望用。

3）悬窗

分为上悬窗、中悬窗、下悬窗。

4）立转窗

立向转动的窗，一般用于不常开启的窗。

5）推拉窗

分垂直推拉和水平推拉两种。

二、木窗的构造

木窗一般是由窗框、窗扇（玻璃扇、纱窗扇等）、五金零件（铰链、风钩、插销、拉手等）及附件（窗帘盒、窗台板、贴脸板等）组成，见图7-2。

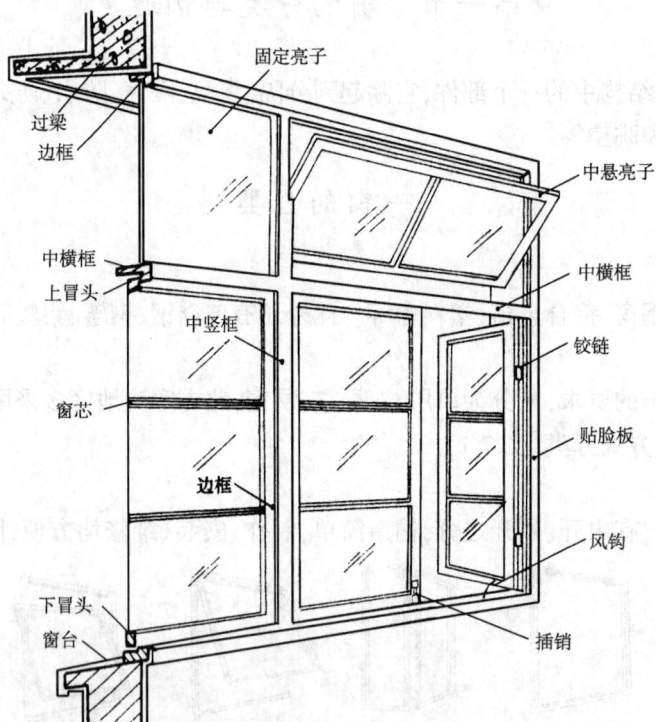

图7-2　木窗的组成

窗的大小尺寸一般根据采光通风要求、结构要求和建筑立面造型要求等因素决定。窗的高度与宽度尺寸一般以扩大模数300mm数列作为标志尺寸。对一般民用建筑用窗，各地均有标准图供选用。窗的代号是C，在代号后面写上编号，如C1、C2等。同一编号表示同一类型的窗，它们的构造和尺寸都一样。各种类型窗的开启线表示方法见图7-3，立面图中的斜线表示窗的开启方向，实线为外开，虚线为内开；开启方向线交角的一侧为安装铰链的一侧。

窗框断面在构造上应留出裁口和背槽,窗框与墙间的缝隙,需用沥青麻丝填塞,所有与墙接触的木料,均需经过防腐处理(一般涂刷沥青)。窗框的安装分立口(先立窗框后砌墙)和塞口(先砌墙,并在墙内埋入防腐木砖,再安装窗框)两种。木窗在墙体中的位置,一般与墙内表面齐平,也有居中和外平的形式。

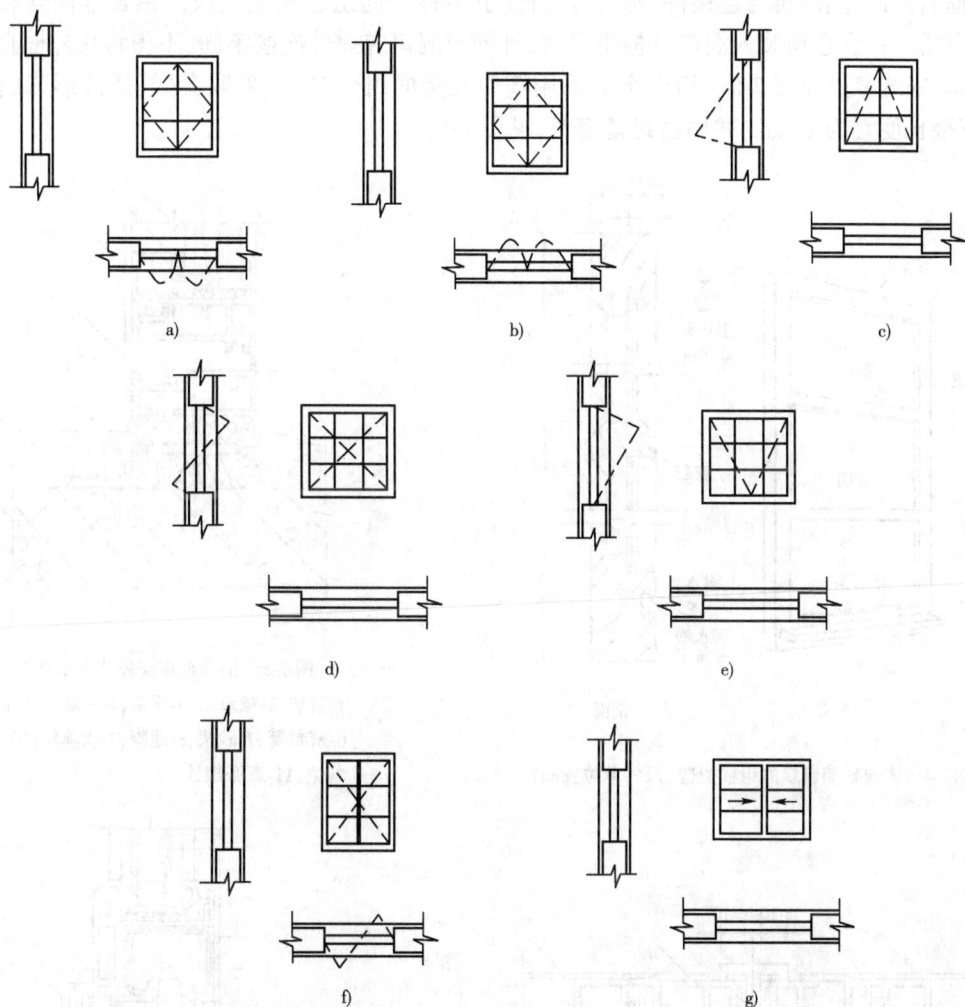

图7-3 窗的开启线

a)单层外开平开窗;b)单层内开平开窗;c)上悬窗;d)中悬窗;e)下悬窗;f)立转窗;g)推拉窗

常见的木窗扇有玻璃窗扇和纱窗扇。玻璃窗扇一般由上、下冒头和边梃榫接而成,有的中间还用窗芯(也叫窗棂)分格,见图7-4。一般窗扇都用铰链、转轴、滑轨等固定在窗框上,窗扇与窗框之间既要开启方便,又要关闭紧密。通常要在窗框上做裁口,深约 $10 \sim 12\text{mm}$。为了保证窗扇关闭后的密封效果,一般在两窗扇接缝处作高低缝或加压封条。

窗玻璃厚度与窗扇分格大小有关。分格面积较大的窗,应选用较厚的玻璃。根据不同的使用要求,玻璃还可选用磨砂玻璃、压花玻璃、夹丝玻璃、钢化玻璃、彩色玻璃、镀膜玻璃、中空玻璃等,安装一般先用小钉将玻璃固定在裁口内,再用油灰嵌固成斜角形。

三、铝合金窗

铝合金窗具有质量轻、性能好、色调美观、耐腐蚀、坚固、耐久性强、实现工业化生产等优点。铝合金窗是由表面经过处理的铝合金型材,经下料、打孔、铣槽、攻丝、制备等加工工艺制成的框料构件,然后再与连接件、密封件、开闭五金件一起组合装配而成。铝合金窗安装采用塞口方式。铝合金窗装入洞口应横平竖直,外框与洞口应弹性连接牢固,不得将窗外框直接埋入墙体,安装节点见图7-5。铝合金窗采用横向及竖向组合时,应采取套插、搭接形成曲面组合,搭接长度宜为10mm,并用密封膏密封,见图7-6。

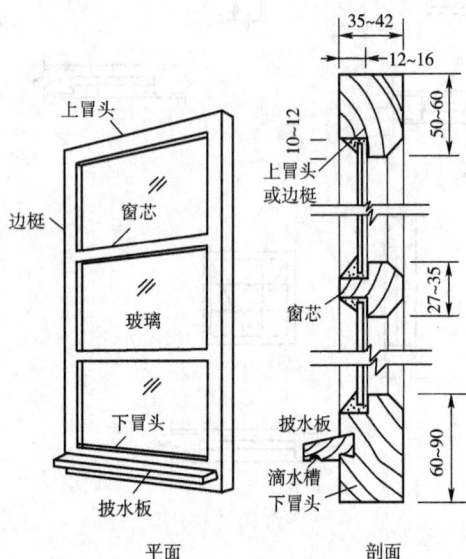

图7-4 木窗玻璃窗扇的组成构造(尺寸单位:mm)

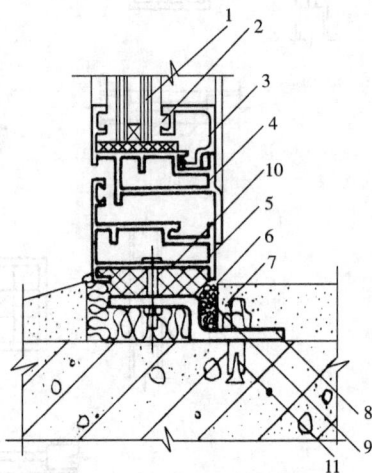

图7-5 铝合金窗安装节点示意图
1-玻璃;2-橡胶条;3-压条;4-内扇;5-外框;6-密封膏;7-砂浆;8-地脚;9-软填料;10-塑料垫;11-膨胀螺栓

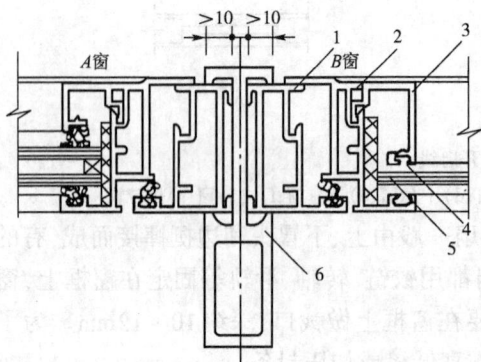

图7-6 铝合金窗组合方法示意图(尺寸单位:mm)
1-外框;2-内扇;3-压条;4-橡胶条;5-玻璃;6-组合杆件

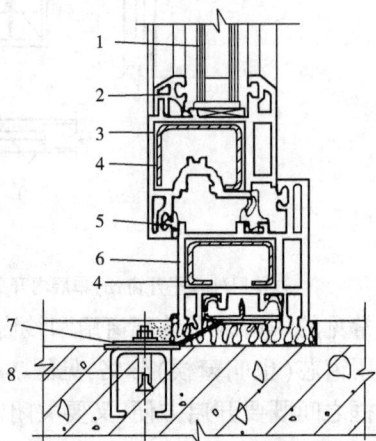

图7-7 塑料窗安装节点示意图
1-玻璃;2-玻璃压条;3-内扇;4-内钢衬 5-密封条;6-外框;7-地脚;8-膨胀螺栓

四、塑 料 窗

塑料窗是采用添加适量耐候酸性剂的聚氯乙烯为主要原料加工成的型材而制成的窗。为防止塑料变形大,增强其刚度,一般在空腹内添加型钢,成为塑性钢窗。

塑料窗耐腐蚀,不用刷涂料,比铝合金窗经济。它线条清晰,外型美观,表面光洁细腻,装饰性强,隔热隔声效果均优于铝合金窗。

安装塑料窗时,与墙体连接的固定件,应用自攻螺钉等紧固于窗框上,将窗框装入洞口并用木楔临时固定,调整至横平竖直,固定件与墙体应用尼龙胀管螺栓连接牢固,塑料窗安装节点见图7-7。窗框与洞口的间隙应用泡沫塑料条或油毡卷条填塞,填塞不宜过紧,以免框架变形。窗框四周的内外接缝应用密封膏嵌缝严密。

● 第二节 门的分类与构造 ●

一、门的种类

门主要起对建筑和房间出入口进行封闭和开启作用,有时也兼通风或采光等辅助作用。因此要求门开启方便、关闭紧密、坚固耐用。

1. 按组成材料分

门按其组成材料分木门、钢门、铝合金门、塑料门、钢木组合门、玻璃门等。

2. 按开启方式分

门按开启方式可分为平开门、弹簧门、推拉门、折叠门、转门等形式,见图7-8。

二、门的组成和构造

门主要由门框(门樘)、门扇、亮子、五金零件等部分组成,见图7-9。

门的位置、数量、大小、形式和材料选用主要由使用和安全防火等要求决定。门的位置和开启方向的设计会影响房间的使用和家具布置,尤其在住宅等居住建筑中更为重要。手动开启的大门扇应有制动装置,推拉门应有防脱轨的措施。双面弹簧门应在可视高度部分装有透明玻璃。旋转门、电动门和大型门的邻近应另设普通门。开向疏散走道及楼梯间的门应向外开启,并在门扇开足时,不应影响走道及楼梯平台的疏散宽度。

门的名称代号为M,各种类型门的开启线表示方法见图7-10,立面图上开启方向线交角的一侧为安装铰链的一侧,实线为外开,虚线为内开。

门框在墙中的位置,可在墙的中间或与墙的一边平。一般多与开启方向一侧齐平,这样门的开启角度较大。

门框的安装与窗框一样,分后塞口与先立口两种。同窗框一样,门框与墙间的缝隙,需用沥青麻丝填塞,所有与墙接触的木料,均需经过防腐处理(一般涂刷沥青)。由于门框四周的抹灰极易开裂,因此抹灰要嵌入门框裁口内,在门框与墙的结合处还应做贴脸板和木压条盖缝,装修标准高的建筑,还可在门洞上方和左右两侧设筒子板,见图7-11。

内门一般不设下框,门扇底距地面饰面层5mm左右;外门为了提高其密封性能常设下框,下框应高出地面 15～20mm。

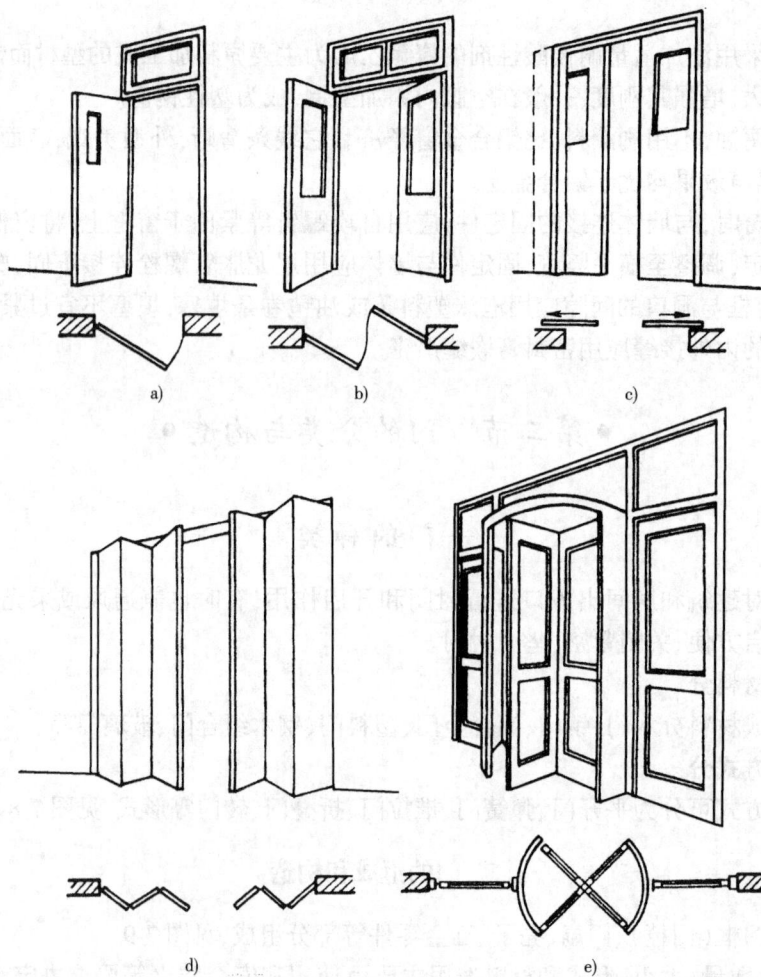

图 7-8　门的开启方式
a)平开门;b)弹簧门;c)推拉门;d)折叠门;e)转门

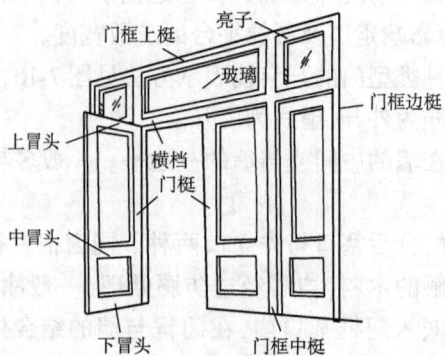

图 7-9　门的组成

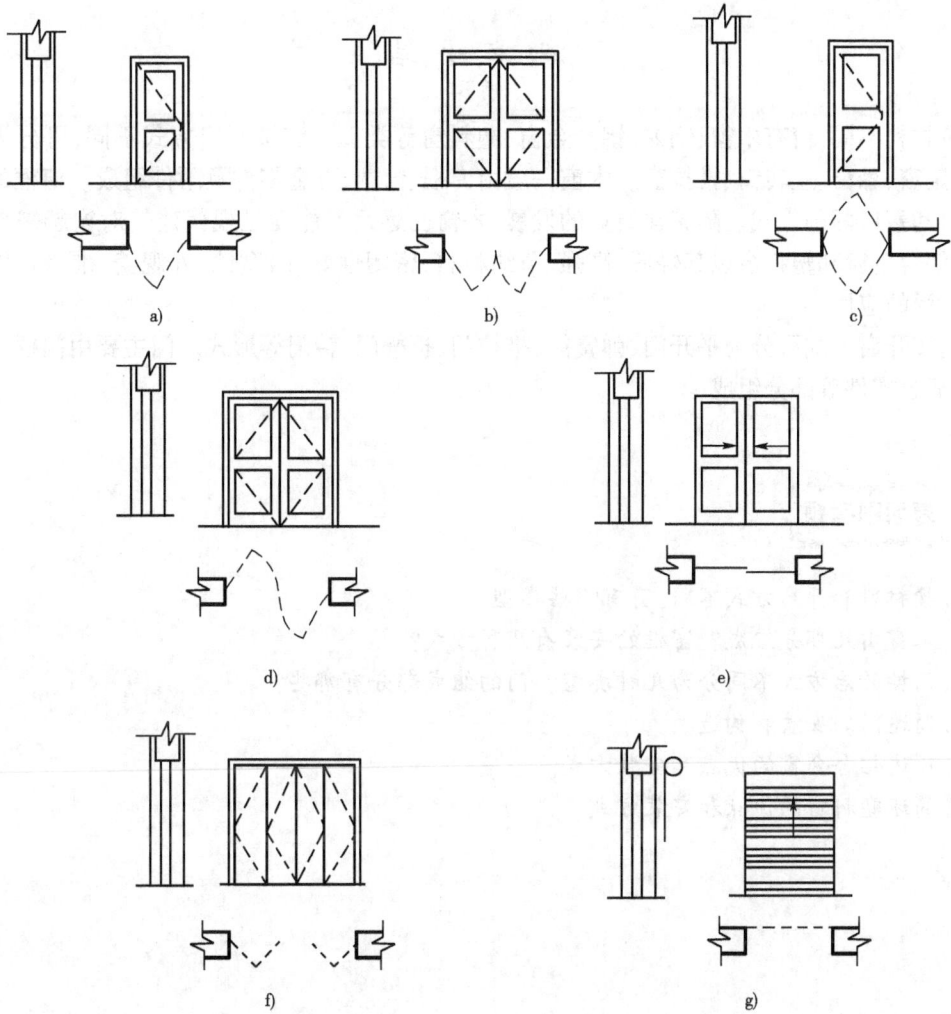

图 7-10 门的开启线

a)单扇平开门;b)双扇平开门;c)单扇双面弹簧门;d)双扇双面弹簧门;e)推拉门;f)对开折叠门;g)竖向卷帘门

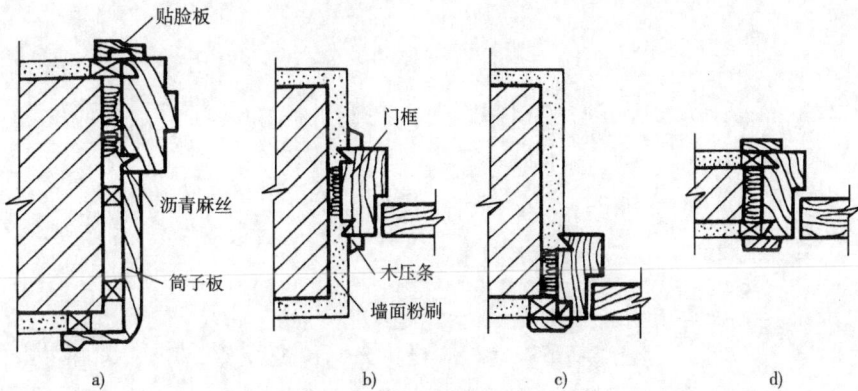

图 7-11 门框的位置、门贴脸板及筒子板

a)外平;b)立中;c)内平;d)内外平

本章小结

按材料不同,窗有木窗、钢窗、铝合金窗、塑料窗等类型。窗按开启方式不同,可分为平开窗、固定窗、悬窗、立转窗、推拉窗。木窗一般由窗框、窗扇、五金零件及附件组成。窗框的安装分立口和塞口两种方式。随着建筑业的发展,木窗已远远不能满足现代建筑对窗越来越高的要求,铝合金窗和塑料窗以其轻质、高强、节约材料、密闭性好、耐腐蚀、外观美、维修费用低而得到广泛的应用。

门按开启方式可分为平开门、弹簧门、推拉门、折叠门、转门等形式。门主要由门框、门扇、亮子、五金零件等部分组成。

复习思考题

1. 按材料和开启方式不同,窗有哪些类型?
2. 木窗由几部分组成? 窗框的安装有几种方式?
3. 门按开启方式不同分为几种类型? 门的组成部分有哪些?
4. 简述门的安装和构造。
5. 简述铝合金窗的优点和安装方式。
6. 简述塑料窗的优点和安装方式。

第八章
建筑设计原理简介

教学要求

1. 叙述建筑设计的内容和过程；
2. 叙述建筑设计的要求和依据。

● 第一节　建筑设计的内容和过程 ●

建造一幢房屋,从拟定计划到建成使用,通常要经过编制计划任务书、选择和踏勘基地、设计、施工、验收、交付使用等几个阶段,其中设计是房屋施工前必须经过的环节。

一、设计内容

房屋的设计,一般包括建筑设计、结构设计、设备设计等几部分。它们之间既有各自专业的特点,又相互密切配合。

建筑设计是在总体规划的前提下,根据设计任务书的要求,对基地环境、功能要求、结构形式、施工条件、材料设备、建筑经济以及建筑艺术等多方面问题进行综合考虑,做出的平面关系、空间关系和造型的设计。

结构设计在建筑设计后完成,包括选择合理的结构方案并进行结构计算,作出结构布置和构件设计。

设备设计主要包括建筑物的给水排水、电气照明、采暖通风等方面的设计。

上述建筑、结构、设备几方面的专业设计的图纸、说明书、计算书等汇总在一起,就构成一套建筑工程设计的完整文件。

二、设计过程

1. 设计前的准备工作

首先应熟悉设计任务书。设计任务书是业主对工程项目设计提出的要求,是工的程设计主要依据。其内容有建设项目总的要求、建造目的、建筑面积和各类房间组成及面积分配、建设项目总投资和单方造价、用地范围的概况、设备方面的要求(供水、供电、采暖、煤气等)、设计期限和项目的建设进程安排等。

其次应收集一些必要的设计资料和原始数据。包括项目所在地区的气象资料、基地地形、地质水文资料、水电等设备管线资料。还要进行设计前的调查研究,包括建筑材料供应情况和施工技术条件,到建设基地现场踏勘、了解当地传统建筑经验和生活习惯、风土人情等。

最后要学习有关的方针政策以及同类型的设计图纸、文字资料等。

2. 设计阶段

建筑设计一般分为初步设计和施工图设计二个阶段,对于大型的比较复杂的工程,也有采用三个设计阶段的,即在两个设计阶段之间,还有一个技术设计阶段,用来深入解决各工种之间的协调等技术问题。

1)初步设计

初步设计是根据批准的可行性研究报告或设计任务书而编制的初步设计文件,初步设计是建筑设计的第一阶段,主要是提出技术可行、经济合理的设计方案,说明设计意图,并提出概算书。

初步设计的设计文件包括:

建筑总平面图:比例1:500～1:2000,应表示建筑物在基地上的位置、设计层数及标高、道路及绿化布置、基地设施的布置和说明。

各层平面图、主要立面、剖面图:比例1:100～1:200,应表示房屋的尺寸,房间的面积、高度、门窗位置,部分室内家具和固定设备的具体布置。

说明书:设计的主要依据;设计意图及方案特点;主要结构方案及构造特点;主要建筑材料及装修标准;主要技术经济指标等。

设计概算:工程概算书,主要材料用量及单位消耗量。

大型民用建筑及其他重要工程,必要时可绘制透视图、鸟瞰图或制作建筑模型。

2)技术设计

技术设计是三阶段设计时的中间阶段,它的主要任务是在初步设计的基础上,进一步具体解决各种技术问题,统一建筑、结构、水、电、暖等专业技术之间的矛盾,为顺利绘制施工图作好准备。

技术设计的图纸和设计文件,要求建筑工种的图纸标明与技术工种有关的详细尺寸,并编制建筑部分的技术说明书,结构工种应有房屋结构布置方案图,并附初步计算说明,设备工种也提供相应的设备图纸及说明书。

对不太复杂的工程,技术设计阶段可以省略,把其中一部分工作并入初步设计阶段,即为"扩大初步设计",另一部分工作在施工图设计阶段进行。

3)施工图设计

施工图设计是建筑设计的最后阶段,是提交施工单位进行施工和安装的设计文件。应在初步设计或技术设计的基础上,综合建筑、结构、设备各工种,相互交底,进一步核实查对,深入了解材料供应、施工技术、设备等条件,把满足工程施工的各项具体要求反映在图纸中,做到整套图纸齐全完整,内容和深度应符合规定,文字说明、图纸要准确清晰,明确无误。

施工图设计的内容包括建筑、结构、设备等工种的设计图纸、说明书,结构及设备的计算书和工程预算书。具体设计文件有:

(1)建筑总平面图:比例1:500～1:1000。

(2)建筑物各层平面图、各个立面图、必要的剖面图:比例1:100～1:200。

(3)建筑结构详图:根据表达需要,可分别选用1:20、1:10、1:5、1:2、1:1等比例。包括平面节点、檐口、墙身、阳台、楼梯、门窗、各部分装饰大样等详图,应详细表示各部分构件关系、材料尺寸及具体做法,并附必要的文字说明。

(4)各工种相应配套的施工图:如结构工种的基础平面图,结构布置图,钢筋混凝土柱、梁、板、楼梯等构件详图;设备工种的水、电平面图及系统图,建筑防雷接地平面图等。

(5)设计说明书:包括施工图设计依据,设计的面积规模,标高定位,材料选用,以及对设计图纸的补充说明等。

(6)结构和设备的计算书。

(7)工程预算书。

●第二节 建筑设计的要求和依据●

一、建筑设计的要求

1. 满足建筑功能要求

满足建筑物的功能要求,为人们的工作和生活创造良好的环境,是建筑设计的首要任务。不同的建筑有不同的使用要求:如车站、机场要求人流、货物畅通;影剧院、体育馆的视角、听觉和分流疏散等要符合相应的要求;工业厂房要符合生产工艺流程的要求;实验室对温湿度的要求;幼儿、少年、青年、成人对教学环境的不同要求等。

2. 采取合理的技术措施

正确选用建筑材料、制品,根据建筑空间组合的特点,选择合理的结构形式、施工技术方案、机械设备,使房屋既坚固耐久又建造方便。

3. 具有良好的经济效果

建筑构造设计过程中,要有周密的计划和核算,重视经济领域的客观规律,讲究经济效果。要因地制宜,正确选用建筑材料,选择合理的结构方案,采用合理的施工措施,是节约投资的有效途径。

4. 考虑建筑物美观要求

建筑物在满足使用要求的同时,还需要满足建筑物在美观方面的要求,考虑建筑物所赋予人们精神上的感受。构成建筑形象的因素,包括它的体型、内外部的空间组合、立面构图、细部节点和重点构造的处理、材料的选择和它的色彩,质感、光影效果、装饰的特色等。处理得当就能产生良好的艺术效果,给人以美的享受。

5. 符合总体规划的要求

单体建筑是总体规划中的组成部分,单体建筑应符合总体规划提出的要求。建筑物的设计,也要充分考虑和周围环境的关系,例如原有建筑、道路走向、基地状况、环境绿化等方面和拟建建筑物的关系。

二、建筑设计的依据

1. 使用功能

1)人体尺度以及人体活动所需的空间尺度

人体尺度及人体活动所需的空间尺度是确定民用建筑内部各种空间尺度的主要依据之

一。比如家具设备的尺寸,窗台、栏杆的高度,门洞、走道、楼梯、踏步的高宽,以及各类房间的高度和面积大小等,都与人体尺度及人体活动所需的空间尺度直接或间接相关。人体尺度和人体活动所需的空间尺度见图8-1、图8-2。

2)家具设备尺寸和使用它们所需的必要空间

房间内家具设备的尺寸,以及人们使用它们所需活动空间是确定房间内部使用面积的重要依据。

2. 自然条件

1)气象条件

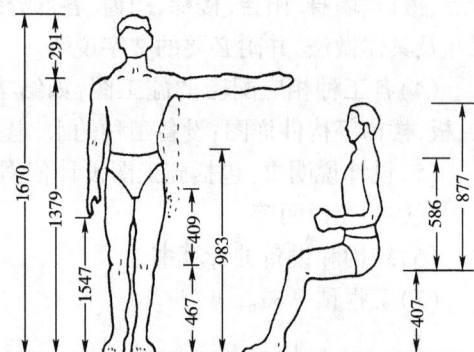

图8-1　人体尺度(尺寸单位:mm)

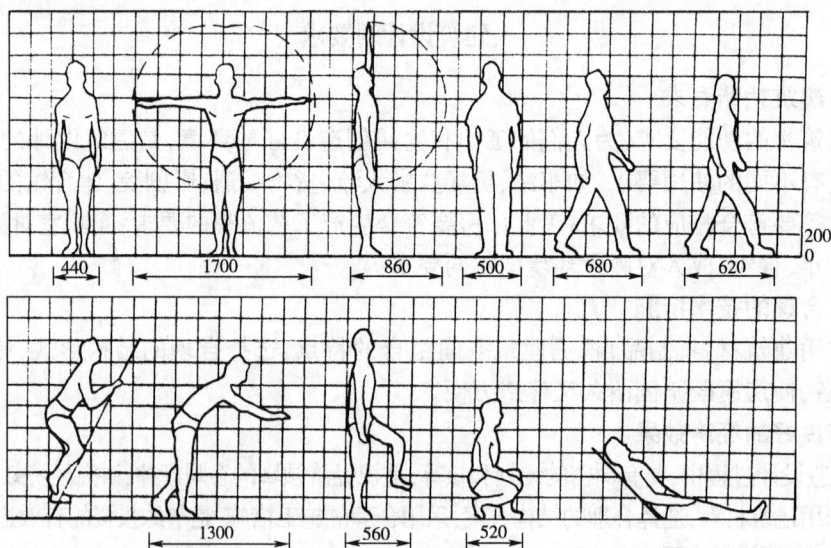

图8-2　人体活动所需空间尺度(尺寸单位:mm)

建设地区的温度、湿度、日照、雨雪、风向、风速等是建筑设计的重要依据,对建筑设计有较大的影响。

例如炎热地区的建筑,设计时要考虑隔热、通风、遮阳等问题,所以建筑处理较为开敞;寒冷地区则要考虑防寒保温,建筑体型较为紧凑封闭。雨量较大的地区要特别注意屋顶形式、屋面排水方案的选择以及屋面防水构造的处理。在确定建筑物间距及朝向时,还应考虑当地日照情况及主导风向等因素。

风速是高层建筑、电视塔等设计中考虑结构布置和建筑体型的重要因素。图8-3为我国部分城市的风向频率玫瑰图,即风玫瑰图。风玫瑰图是依据某一地区多年平均统计的各种风向出现的次数占所有观察次数的百分比按比例绘制而成的,一般用16个罗盘方位表示。玫瑰图上的风向是指由外吹向地区中心。图中线段最长者即为当地主导风向。建筑物的位置朝向和当地主导风向有密切关系。如把清洁的建筑物布置在主导风向的上风向;把污染建筑布置在主导风向的下风向,以免受污染建筑散发的有害物的影响。

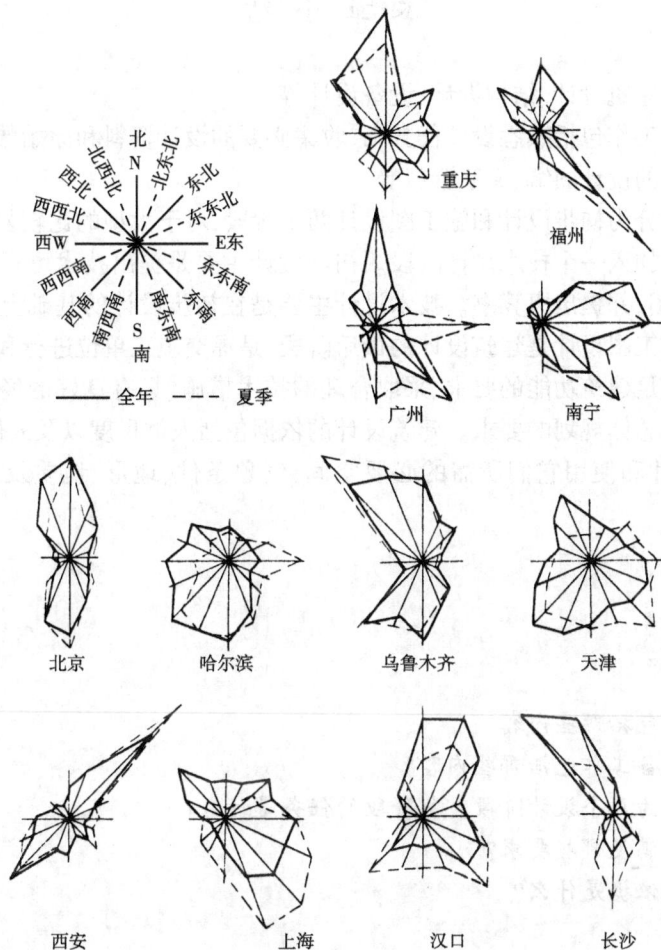

图 8-3　我国部分城市的风向频率玫瑰图

2)地形、地质及地震烈度

基地地形的平缓或是起伏,基地的地质构成情况、土壤特性和地耐力的大小,对建筑物的平面组合、结构布置、建筑构造处理和建筑体型都有明显的影响。坡度较陡的地形,常结合地形使房屋错层布置。复杂的地质条件,要求房屋的构成和基础的设置采取相应的结构与构造措施。

地震烈度表示当发生地震时,地面及建筑物遭受破坏的程度。烈度在 6 度以下时,地震对建筑物影响较小,一般可不考虑抗震措施。9 度以上地区,地震破坏力很大,一般应尽量避免在该地区建造房屋。因此,按《建筑抗震设计规范》(GB 50011—2001)中的规定,地震烈度为 6 度、7 度、8 度、9 度的地区均需进行抗震设计。

3)水文条件

水文条件是指地下水位的高低及地下水的性质,将直接影响到建筑物基础及地下室。应根据地下水位的高低及地下水的性质确定是否在该地区建造房屋或采用相应的防水和防腐措施。

本 章 小 结

房屋设计包括建筑设计、结构设计、设备设计等。

设计前的准备工作包括熟悉设计任务书、收集必要的设计资料和原始数据、学习有关的方针政策以及同类型的设计图纸、文字资料等。

设计阶段一般分为初步设计和施工图设计两个阶段,对于大型的比较复杂的工程,也可在两个设计阶段之间加入一个技术设计阶段。初步设计主要是提出技术可行、经济合理的设计方案,说明设计意图,并提出概算书。技术设计主要是在初步设计的基础上,进一步具体解决各种技术问题。施工图设计是建筑设计的最后阶段,是提交施工单位进行和安装的设计文件。

建筑设计要满足建筑功能的要求、采取合理的技术措施、具有良好的经济效果、考虑建筑物美观要求并符合总体规划的要求。建筑设计的依据包括人体尺度以及人体活动所需的空间尺度、家具设备尺寸和使用它们所需的必要空间、气象条件、地形、地质及地震烈度、水文条件等。

复习思考题

1. 房屋的设计包括哪些内容?
2. 设计前的准备工作包括哪些内容?
3. 建筑设计分为几个设计阶段? 各阶段的任务是什么?
4. 建筑设计要满足哪些要求?
5. 建筑设计的依据是什么?

第九章
单层工业厂房构造

1. 描述单层厂房的构造组成;
2. 叙述单层厂房各组成部分的构造。

● 第一节　单层工业厂房的组成 ●

　　单层工业厂房按承重结构不同可分为墙承重结构和骨架承重结构两种类型。

　　墙承重结构由墙(或带壁柱砖墙)和钢筋混凝土屋架(或屋面梁)组成。屋架支承在砖墙上。如厂房设有吊车,可在壁柱上搁置吊车梁。这种结构仅适用于厂房跨度、高度、吊车荷载较小的中小型厂房,不宜用于地震区,见图9-1。

　　骨架承重结构也称排架结构,由横向骨架和纵向联系构件组成。横向排架包括屋架(或屋面大梁)、柱子、柱基础等;纵向联系构件包括大型屋面板、檩条、吊车梁、连系梁、基础梁、纵向支撑等构件。它们与柱连接组成空间体系,以保证横向排架的稳定性,见图9-2。

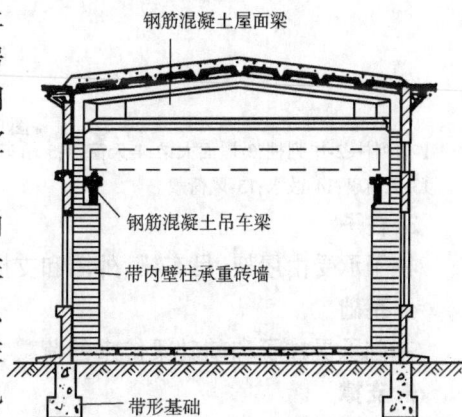

钢筋混凝土屋面梁

钢筋混凝土吊车梁

带内壁柱承重砖墙

带形基础

图 9-1　墙承重结构

　　横向排架中的柱子、柱基础、屋架以及吊车梁是厂房的主要承重构件,厂房所受的各项荷载都要通过排架传至地基。

　　下面我们以骨架承重结构为例,说明单层工业厂房的组成。

1. 屋盖结构

1) 屋面板

　　它是厂房最上部的覆盖构件,支承在屋架上,直接承受屋面荷载(雪荷载、活荷载及屋面自重)并传给屋架。

2) 天窗架

　　支承在屋架上,承受天窗部分的屋面荷载,并传给屋架。

3) 屋架

　　支承在柱子上,承受屋盖结构的全部荷载,并传给柱子。

2. 吊车梁

吊车梁支承在柱子牛腿上，承受吊车荷载并传给柱子。

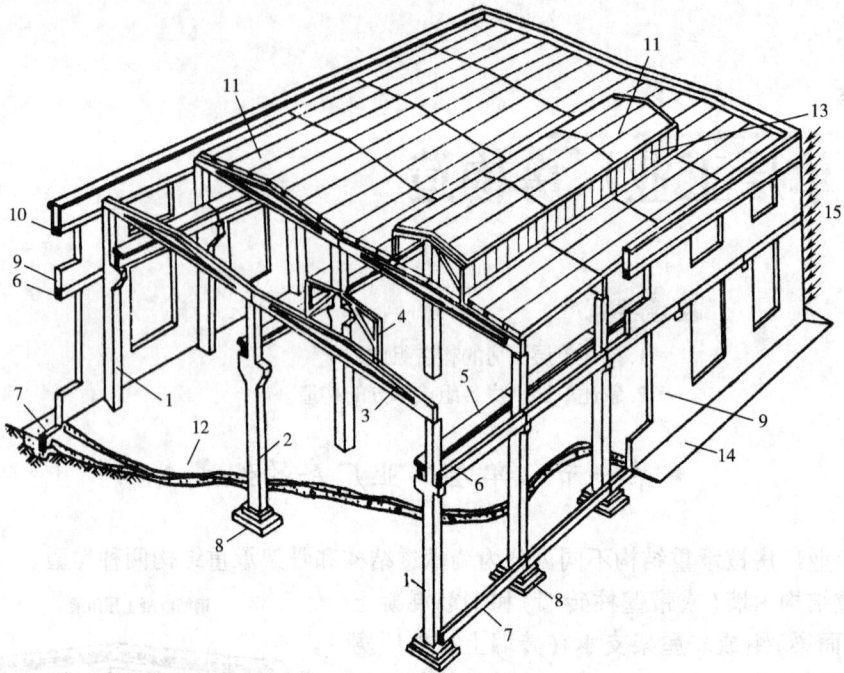

图 9-2　骨架承重结构

1-边列柱；2-中列柱；3-屋面大梁；4-天窗架；5-吊车梁；6-连系梁；7-基础梁；8-基础；9-外墙；10-圈梁；11-屋面板；12-地面；13-天窗扇；14-散水；15-风荷载

3. 柱子

柱子承受由屋架、吊车梁、外墙和支撑等传来的荷载，并传给基础。

4. 基础

基础承受柱子和基础梁传来的荷载，并传给地基。

5. 支撑

支撑包括屋盖支撑和柱间支撑。支撑的作用是加强结构的空间刚度和横向排架的稳定性，同时起传递风荷载和吊车水平荷载的作用。

6. 围护结构

围护结构位于厂房四周，包括：

1）外墙和山墙

它们承受风荷载并传给柱子。

2）连系梁、基础梁

承受外墙重量，并传给柱子或基础。

3）抗风柱

承受山墙传来的风荷载，并传给屋盖和基础。

单层厂房荷载传递途径，见图 9-3。

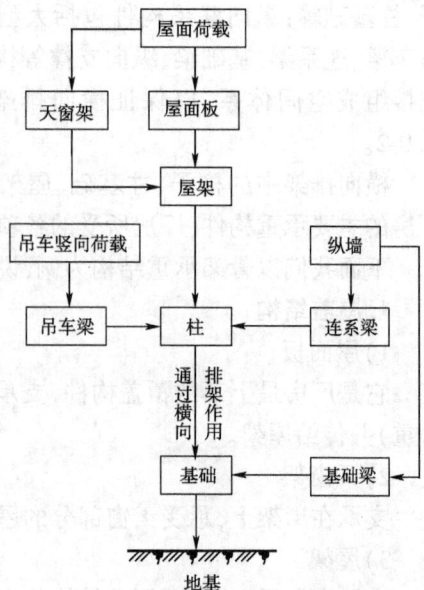

图 9-3　单层厂房荷载传递途径

● 第二节 单层工业厂房承重结构* ●

一、基 础

单层工业厂房一般采用预制装配式钢筋混凝土排架结构,厂房的屋盖、吊车、外墙的荷载都通过柱子传给基础,厂房的柱距和跨度一般较大,因此厂房的基础多采用独立式基础。

独立式基础分为现浇柱基础和预制柱基础两种类型。

1. 现浇柱基础

基础和柱均采用现场浇筑。但若柱和基础不同时施工时,须在基础顶面留出插筋,以便与柱子连接,见图9-4。

2. 预制柱基础

柱子为预制时,基础通常采用杯形基础,见图9-5。

杯形基础的上部呈杯口状,便于预制柱插入杯口内。基础底部应先做100mm厚C7.5素混凝土垫层,基础采用不低于C15的混凝土浇筑。杯口尺寸应比柱截面尺寸略大,其深度应满足锚固长度的要求。柱子安装就位后,杯形基础与柱子的四周缝隙采用细石混凝土灌浆填实。

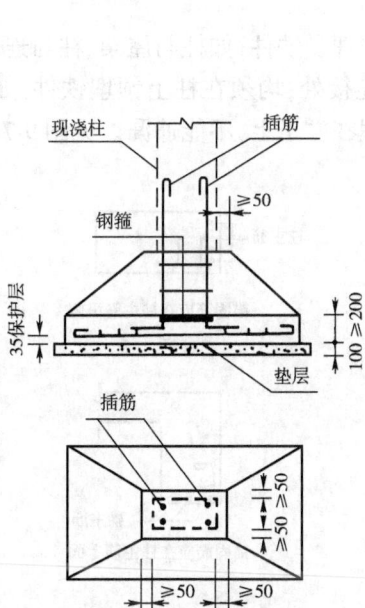

图9-4 现浇柱基础(尺寸单位:mm)

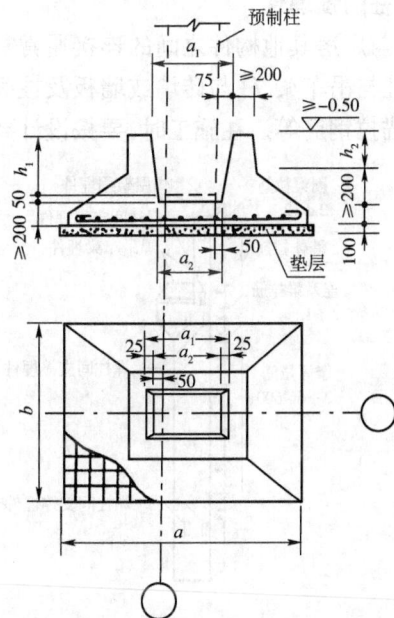

图9-5 杯形基础(尺寸单位:mm;标高单位:m)

基础的杯底厚度和杯壁厚度一般应≥200mm,基础杯口顶面标高至少应低于室内地坪500mm,见图9-5。

二、柱

1. 柱的类型

柱是工业厂房中最主要的承重构件。目前一般多采用钢筋混凝土柱。按截面形式分为单肢柱和双肢柱两大类。常见柱的形式见图9-6。

1)矩形柱

截面尺寸一般为 400mm × 600mm。外形简单,制作方便,但自重大,仅适用于中小型厂房。

2)工字形柱

截面尺寸一般为 400mm × 600mm,400mm × 800mm,500mm × 1000mm。截面受力合理,节省材料,自重比矩形柱小,但制作比矩形柱复杂,广泛应用于大、中型厂房。

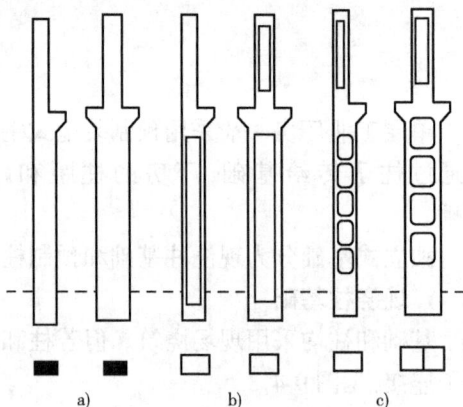

图9-6 钢筋混凝土柱
a)矩形柱;b)工字形柱;c)平腹杆双枝柱

3)双肢柱

由两根主要承受轴向压力的肢杆用腹杆连接而成。有平腹杆和斜腹杆两种形式。可节省混凝土,减轻自重,不需另设牛腿。但节点多,构造复杂。当柱的荷载和高度较大,吊车起重量大于30t,柱的截面尺寸大于600mm × 1000mm 时,宜选用双肢柱。

2. 柱的预埋件

柱与厂房其他构件之间的连接通常需要在柱上预先埋设铁件,如柱与屋架、柱与连系梁或圈梁、柱与吊车梁、柱与砖墙或墙板及柱间支撑等相互连接处,均须在柱上预埋铁件,如钢板、螺栓、锚拉钢筋等。在施工时,要按设计要求准确地预埋在柱子上,不能遗漏。见图9-7。

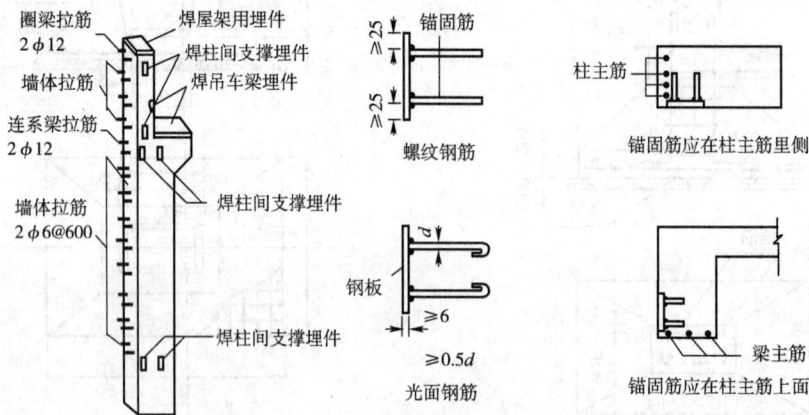

图9-7 柱的预埋件(尺寸单位:mm)

三、吊车梁

当厂房设有桥式或梁式吊车时,需要在柱子牛腿上设置吊车梁。吊车的轮子沿吊车梁上铺设的轨道行驶。吊车梁承受吊车荷载,并传给柱子,同时也增加了骨架的纵向刚度和稳定性。

1.吊车梁的类型

钢筋混凝土吊车梁按截面形式不同,有等截面的 T 形、工字形吊车梁及变截面的鱼腹式吊车梁。可采用非预应力和预应力钢筋混凝土制作,见图 9-8。

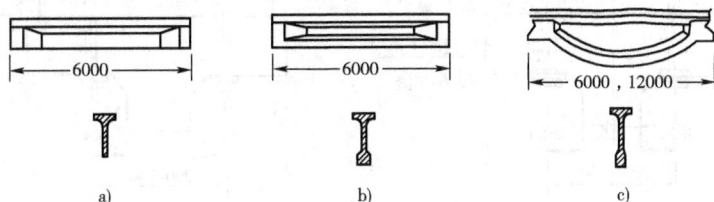

图 9-8　钢筋混凝土吊车梁(尺寸单位:mm)

a)T 形吊车梁;b)工字形吊车梁;c)鱼腹式吊车梁

1)T 形吊车梁

上部翼缘较宽,增加了梁的受压面积,便于安装吊车轨道。这种形式施工简单、制作方便,但自重较大。一般用于柱距 6m,厂房跨度≤30m,吨位在 10t 以下的厂房。

2)工字形吊车梁

腹壁薄,自重轻,为预应力混凝土构件。适用于柱距 6m,厂房跨度 12~33m 的厂房。

3)鱼腹式吊车梁

此梁的下部为抛物线形,符合简支梁的受力特点,能充分发挥材料的强度,减轻自重。但制作较复杂。适用于柱距 6m、12m,厂房跨度 12~33m 的厂房,吊车吨位 15~150t 的厂房。

2.吊车梁与柱的连接

吊车梁上翼缘与柱间用钢板或角钢焊接;下部通过吊车梁底部的预埋角钢和柱牛腿顶面的预埋钢板焊接。吊车梁与梁之间,吊车梁与柱之间的空隙用 C20 细石混凝土填实,见图 9-9。

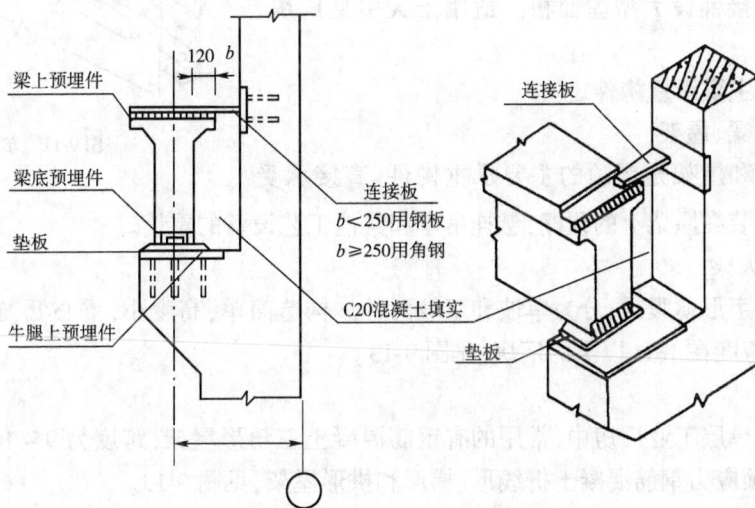

图 9-9　吊车梁与柱的连接(尺寸单位:mm)

3. 吊车轨道的安装与车档

吊车轨道与吊车梁一般采用垫板和螺栓连接的方法,见图9-10。

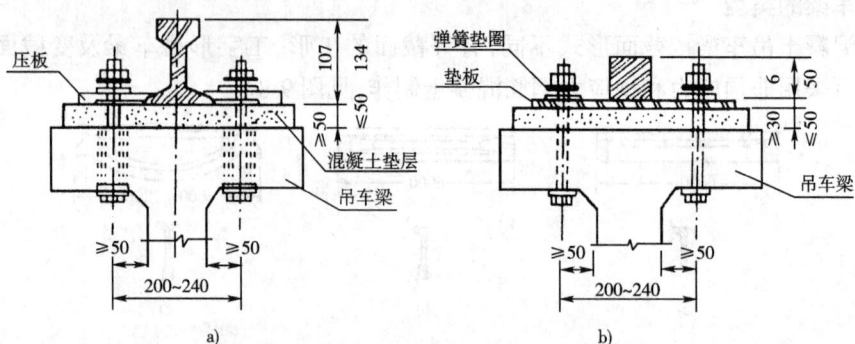

图9-10　吊车轨道与吊车梁的连接(尺寸单位:mm)
a)重型吊车轨道;b)轻型吊车轨道

为防止吊车行驶中来不及刹车而撞到山墙上,应限制吊车的行驶范围,在吊车梁的末端设置车档,一般用螺栓固定在吊车梁的翼缘上,见图9-11。

四、屋　顶

1. 屋顶的结构类型

屋顶根据构造不同分为两种类型:

1)有檩体系

屋架上弦隔一定距离设置檩条,檩条上铺设各种板瓦。适用于中小型厂房,见图9-12a)。

2)无檩体系

屋架上直接铺设大型屋面板。适用于大中型厂房,见图9-12b)。

2. 屋顶的主要承重构件

1)屋面大梁、屋架

屋面大梁和屋架是屋顶的主要承重构件,直接承受屋面荷载及安装在屋架上的顶棚,悬挂吊车和其他工艺设备的重量。

(1)屋面大梁

一般为工字形薄腹梁,分为单坡和双坡两种。构造简单,高度小,重心低,施工方便,但自重大,适用于跨度在18m以下的厂房,见图9-13。

(2)屋架

在装配式单层工业厂房中,常用的有钢筋混凝土三角形屋架,跨度为9~15m。当跨度较大时,常采用预应力钢筋混凝土折线形、梯形和拱形屋架,见图9-13。

2)檩条

檩条支承轻型屋面板瓦,然后将荷载传给屋架。常采用钢筋混凝土檩条,有预应力和非预

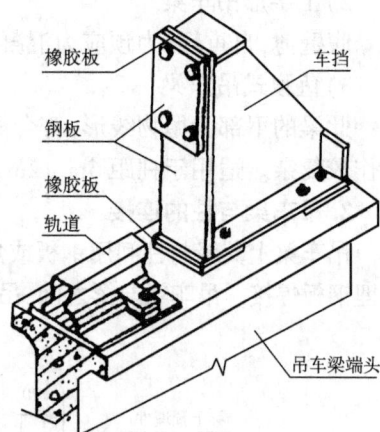

图9-11　车挡

应力两种。断面形式有 T 形和倒 L 形等。檩条间距一般为 3m,长度为 6m。

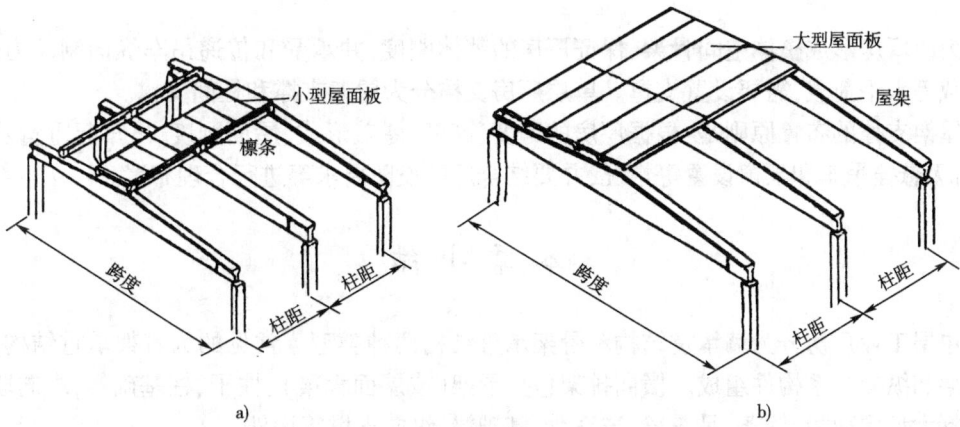

图 9-12　屋顶的结构类型
a)有檩体系;b)无檩体系

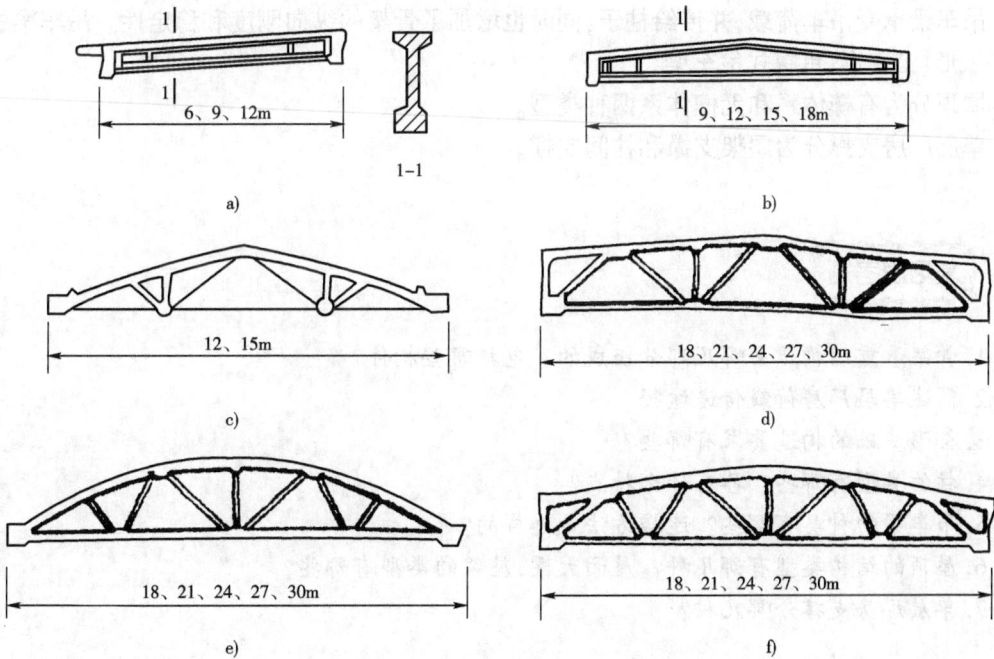

图 9-13　钢筋混凝土屋面梁与屋架
a)单坡屋面梁;b)双坡屋面梁;c)两铰拱组合屋架;d)梯形屋架;e)拱形屋架;f)折线形屋架

3)屋面板

分为小型屋面板和大型屋面板。小型屋面板有槽瓦、钢丝网水泥波形瓦和石棉水泥瓦等。大型屋面板为预应力混凝土构件,横断面为槽形和 F 形等。

五、支　撑

为使厂房形成整体空间骨架,保证厂房的整体刚度,并承受和传递吊车纵向制动力、山墙风荷载等水平荷载,需要设置支撑。单层厂房支撑分为屋架支撑和柱间支撑。

屋架支撑的布置原则是:根据厂房的跨度、高度、屋盖形式、屋面刚度、吊车起重量及工作制、有无悬挂吊车和天窗设置等情况,并要结合厂区设防要求等进行合理布置。

本 章 小 结

单层工业厂房分为墙承重结构和骨架承重结构两种类型。常见的为骨架承重结构,由横向骨架和纵向联系构件组成。横向排架包括屋架(或屋面大梁)、柱子、柱基础等;纵向联系构件包括大型屋面板、檩条、吊车梁、连系梁、基础梁、纵向支撑等构件。

单层工业厂房的基础多采用独立式基础。柱子为预制时,基础通常采用杯形基础。

柱是工业厂房中最主要的承重构件。目前一般多采用钢筋混凝土柱。按截面形式分为单肢柱和双肢柱两大类。

吊车梁承受吊车荷载,并传给柱子,同时也增加了骨架的纵向刚度和稳定性。吊车梁的类型有 T 形、工字形、鱼腹式吊车梁。

屋顶分为有檩体系和无檩体系两种类型。

单层厂房支撑分为屋架支撑和柱间支撑。

复习思考题

1. 骨架承重结构是由哪几部分组成的? 包括哪些构件?

2. 简述单层厂房荷载传递途径。

3. 杯形基础的构造要求有哪些?

4. 柱的类型有哪些? 各有什么特点?

5. 吊车梁的种类有哪些? 连接方法是怎样的?

6. 屋顶的结构类型有哪几种? 屋面大梁、屋架的类型有哪些?

7. 单层厂房支撑分哪几种?

第十章

建筑给水排水与采暖工程简介

教学要求

1.叙述常见的给水排水系统及组成;
2.叙述采暖工程的组成。

● 第一节　建筑给水排水系统简介 ●

一、给水系统的分类及组成

给水系统是将自来水由城市给水管网或二次水箱,经加压或其他方式做简单处理后,送到室内各种用水器具、生产用水设备、消防设备等用水点。

1.给水系统的分类

建筑给水系统按用途不同可划分为三类:生活给水系统、生产给水系统、消防给水系统。

生活给水系统主要供居住、公共建筑和工业建筑内的饮用、洗浴、餐饮等用,其水质要符合国家规定的饮用水水质标准;生产给水系统种类繁多,主要有生产设备冷却、原料洗涤、锅炉用水等,对用水的要求由于工艺不同,差异较大;消防给水系统主要供给扑救火灾的消防用水,必须保证足够的水量和水压。这三类给水系统并不是孤立存在,单独设置,而是综合到一起使用,主要有生活、生产共用的给水系统;生产、消防共用的给水系统;生活、消防共用的给水系统;生活、生产、消防共用的给水系统。

2.建筑给水系统的组成

给水系统的基本组成部分包括(图10-1):

1)引入管

室内给水管线和市政给水管网相连接的管段,也称作进户管。

2)水表节点

包括引入管上装设的水表以及阀门、泄水装置等附件。阀门用以关闭管网,以便维修和拆换水表;泄水装置在检修时放空管网。

3)管道系统

输送和分配自来水的通道,包括干管、立管、支管等。

4)用水设备

生活、生产用水设备或器具,位于给水管道末端。

5）给水附件

包括管道上的各种阀门、仪表、水龙头等。

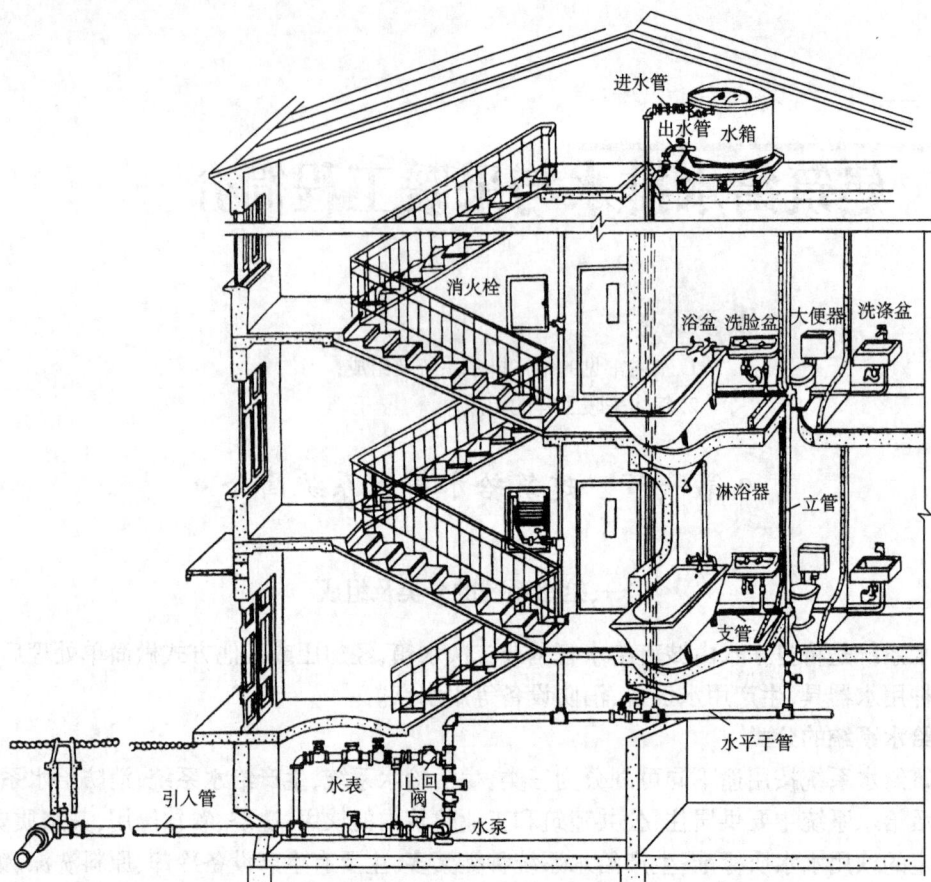

图 10-1　建筑给水系统的组成

6）升压和贮水设备

在室外给水管网压力不足或室内对安全供水、水压稳定有要求时而设置。升压设备和水泵用来提高供水压力,贮水设备和水箱用来贮存一定量的自来水。

7）消防设备

包括消防系统的消火栓,喷洒系统的报警阀、水流指示器、水泵接合器、闭式喷头、开式喷头等。

3. 常见室内给水方式

给水方式包括:

1）直接给水方式

适用于市政供水能满足任何时刻和任何部位的供水要求时。结构简单,维修方便,但实际上由于供水压力往往无法满足用户需要,故应用较少。

2）设置水箱、变频调速装置、水泵联合工作的给水方式

适用于居民小区和公共建筑。

3）分区给水方式

适用于多层或高层建筑。

二、排水系统的分类及组成

建筑排水系统是将房屋卫生设备和生产设备排除出来的污水、废水,以及降落在屋面上的雨、雪水,通过室内排水管道排到室外排水管道中去。

1. 排水系统的分类

按所排除的污(废)水的性质不同,可将建筑物内部装设的排水管道分为:生活污(废)水排水系统、工业废水排水系统、雨(雪)水排水系统。

2. 排水系统的组成

排水系统一般由污(废)水受水器、排水管道、通气管、清通管道等组成,如污水需进行处理时,还应有局部水处理构筑物,见图 10-2。

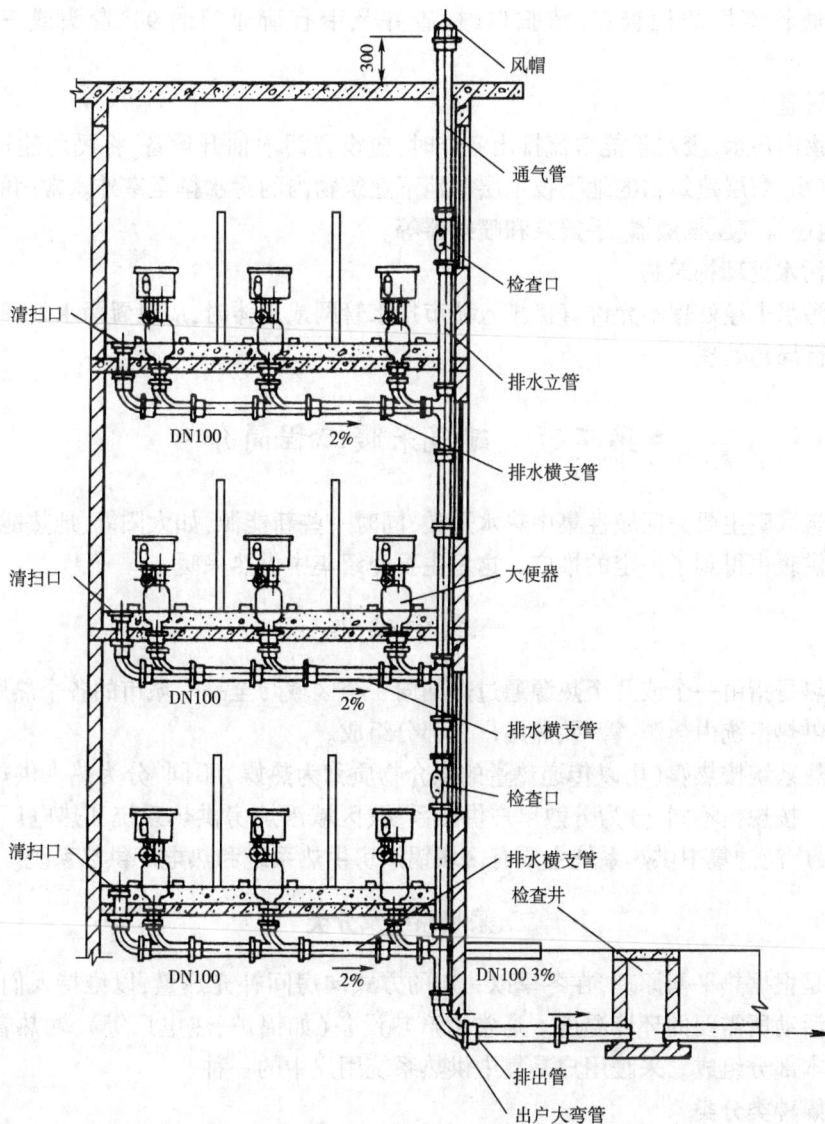

图 10-2　室内排水系统的组成

1)污(废)水受水器

包括各种卫生器具(如洗脸盆、浴盆等),排放工业废水的设备及雨水斗等。

2)排水管系统

排水管系统由器具排水管(指连接卫生器具和排水横支管的短管,除坐式大便器外其间应包括存水弯)、排水横支管、排水立管、埋设在室内地下的总排水横干管和排至室外的排出管所组成。

3)通气管系统

一般层数不多,卫生器具较少的建筑物,仅设由排水立管向上延伸出屋顶的通气管;层数较多的建筑物或卫生器具较多的排水管系统,应设辅助通气管及专用通气管。

4)清通设备

包括疏通管道用的检查口、清扫口、检查井及带有清通门的90°弯头或三通接头设备。

5)抽升设备

当建筑物内污水、废水不能自流排出室外时,应设置污水抽升设备,将民用建筑物的地下室,人防建筑物、高层建筑物的地下技术层等地下建筑物内的污水排至室外。常用的抽升设备是水泵,其他还有气压扬液器、手摇泵和喷射器等。

6)局部污水处理构筑物

当室内污水未经处理不允许直接排入城市排水管网或水体时,应设置污水处理构筑物,将室内污水进行局部处理。

● 第二节 建筑采暖工程简介 ●

我国建筑采暖主要为区域性集中热水采暖,同时一些新能源,如太阳能、地热能、低温核能等作为热源供暖也得到了一定的推广。这里主要介绍集中供热采暖。

一、集中供热

集中供热是指由一个或几个热源通过热网向一个区域乃至一个城市的各个热用户供热的方式。集中供热系统由热源、管网、热用户三部分组成。

集中供热系统按热媒(用以传递热量的媒介物质称为热媒)不同,分为热水供热系统和蒸汽供热系统。按规模不同,分为分散单户供热系统、区域锅炉房供热系统和热电厂供热系统。目前,应用最广泛的集中供热系统主要有区域锅炉房供热系统和热电厂供热系统。

二、采暖系统及分类

采暖就是根据热平衡原理,在冬季以一定的方式向房间补充热量,以维持人们日常生活、工作和生产活动所需要的环境温度。通常由产热设备(如锅炉、热电厂等)、输热管道与散热器等三个基本部分组成。采暖用户是集中供热系统用户中的一种。

1. 按热媒种类分类

根据采暖系统使用热媒的不同,可分成热水采暖、蒸汽采暖、热风采暖及烟气采暖。

2. 按采暖系统服务的区域分类

可分为集中采暖、全面采暖、局部采暖。集中采暖系统示意图见图10-3。

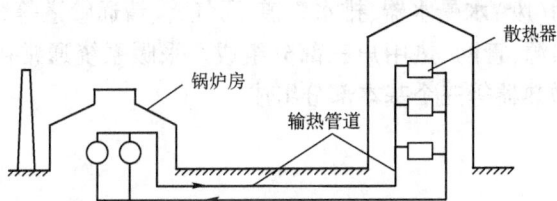

图10-3　集中采暖系统示意图

3. 按采暖时间分类

可分为连续采暖、间歇采暖、值班采暖。

三、热水采暖系统

热水采暖系统中,热源中的水经输热管道流到供暖房间的散热器中,放出热量后经管道流回热源。

1. 自然循环热水采暖系统

系统仅靠供水与回水的容量差所形成的压头使水进行循环。由锅炉、散热设备、供水管道、回水管道、膨胀水箱组成,见图10-4。

2. 机械循环热水采暖系统

由热水锅炉、供水管道、散热器、集气罐、回水管道组成,见图10-5。这种方式依靠水泵提供的动力使热水流动循环,其作用压力比自然循环采暖大得多。

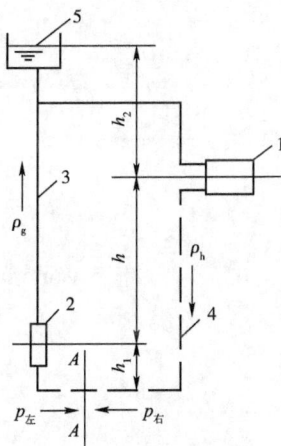

图10-4　自然循环热水采暖系统的组成
1-散热器;2-热水锅炉;3-供水
管路;4-回水管路;5-膨胀水箱

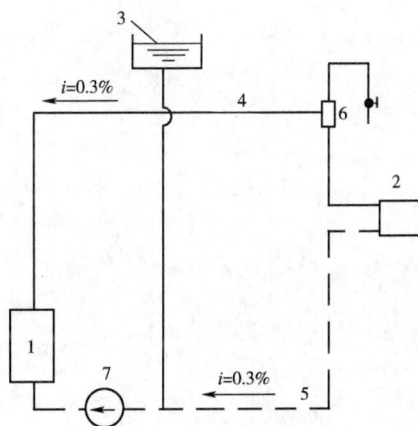

图10-5　机械循环热水采暖系统的组成
1-热水锅炉;2-散热器;3-膨胀水箱;4-供水管;
5-回水管;6-集气罐;7-循环水泵

本 章 小 结

给水系统的基本组成部分包括引入管、水表节点、管道系统、用水设备、给水附件、升压和贮水设备、消防设备。常见给水方式包括直接给水方式;设置水箱、变频调速装置、水泵联合工作的给水方式;分区给水方式。

建筑排水系统由污(废)水受水器、排水管道、通气管、清通管道等组成。

集中供热系统由热源、管网、热用户三部分组成。采暖系统通常由产热设备(如锅炉、换热器等)、输送管道与散热器等三个基本部分组成。

复习思考题

1. 建筑给水系统由哪几部分组成?
2. 常见给水方式有哪些?
3. 建筑排水系统由哪几部分组成?
4. 采暖系统由哪几部分组成?

第十一章
建筑电气工程、弱电与智能建筑简介

教学要求

1. 叙述常见建筑动力与照明系统的组成;
2. 叙述常用弱电系统的组成及功能;
3. 叙述智能建筑的概念。

● 第一节　建筑电气工程简介 ●

一、概　述

建筑电气是房屋配套设施之一,随着建筑技术的迅速发展和现代化建筑的出现,其范围已从传统的供配电、照明、防雷和接地发展到综合应用新的数学、物理和电子计算机技术,使建筑物的供配电、保安监视系统自动化,同时对给排水、制冷空调、自动消防、保安监视、通信闭路、经营管理等进行最佳控制与管理,可以说,建筑电气的优劣标志着建筑物现代化的程度的高低。

各类建筑电气系统一般都是由用电设备、配电线路、控制和保护设备三大部分组成。用电设备包括照明灯具、各种家用电器、电动机、电话等;配电线路用于传输电能和信号,包括各种型号的导线或电缆;控制和保护设备是对相应系统进行控制和保护的设备,一般集中安装在一起,包括各种配电盘、柜等。

概括起来,建筑电气的内容分为强电部分和弱电部分。强电部分包括照明、供配电、建筑动力设备控制、防雷、接地等。建筑弱电将在第二节中介绍。

二、建筑动力系统的组成

建筑动力系统属于建筑用电系统之一,是指由电动机拖动机械设备运转,为整个建筑物提供舒适、方便的生产与生活条件而设置的各种动力系统,包括供暖、通风、供水、排水、热水供应、运输系统等。这些系统中的机械设备,如鼓风机、引风机、除渣机、上煤机、给水泵、排水泵、电梯等,都要依靠电动机带动。所以,建筑动力系统实质就是向电动机配电,并对电动机进行控制的系统。

电动机的类型有交流电动机和直流电动机,其中交流电动机又分为同步电动机和异步电动机。直流电动机构造复杂,价格较贵,且需直流电源,除用于对调速要求较高的客运电梯外,使用较少。同步电动机也因其价格昂贵,构造复杂,很少用于建筑动力系统。建筑动力广泛使用的是异步电动机,其构造简单、价格低廉、起动方便。

对电动机通常采用人工控制和自动控制。当电动机功率较小,且允许现场直接控制时,可由人工直接操纵执行设备为电动机配电,如刀开关等,即为人工控制。当电动机功率较大,进行人工控制不太安全时,或电动机距离控制点太远无法就地直接控制,或需要远距离集中进行控制时,就应采取自动控制的方式。常采用继电器或编辑逻辑控制器(PLC)控制方式。为节能起见,也可采用变频控制。

三、建筑电气照明系统的组成

建筑电气照明系统也是建筑用电系统之一,是指将电能转化为光能的电光源进行采光,以保证人们在建筑物内外正常进行各种生产生活活动,同时满足其他特殊需要的照明设施。建筑电气照明系统由电气系统和照明系统两部分组成。电气系统和照明系统既相互独立又紧密相连。

电气系统指的是电能的生产、传播、分配、控制和消耗使用的系统。由电源、导线、控制和保护设备、用电设备(如各种照明灯具)组成。

照明系统指的是光能的产生、传播、分配和消耗吸收的系统。包括光源、控制器、室内空间、建筑内表面、建筑形状和工作面等。

建筑照明首先要满足照度的要求,其次要选择合理的照明方式,三是要选择合理的光源和灯具,包括光源的美观和装饰要求。

房屋的照明可分为正常照明和事故照明两大类。正常照明有三种照明方式,即一般照明、局部照明、混合照明。一般照明可以使整个房间都有一定的照度,如教室、阅览室等;局部照明指有需要突出或减弱均匀分布的照度的照明空间,如工作台灯、客房台灯等;混合照明包含一般照明和局部照明,在整个工作场所使用一般照明,局部区域采用局部照明,多用于工业厂房的车间。事故照明是指在正常照明突然停电的情况下,供继续工作和人员安全通行的照明,如医院手术室、急救室、影剧院等。

● 第二节　建筑弱电与智能建筑简介 ●

一、常用弱电系统的组成及功能简介

建筑弱电系统指的是电能为弱电信号的电子设备,通过准确接收、传输和显示载有语音、图像、数据等信息的信息源,从而满足人们获取各种信息的需要和保持相互联系的各种系统。包括共用电视天线系统、广播系统、通信系统、火灾报警系统、智能保安系统、综合布线系统、办公自动化等。

二、智能建筑的概念与特点

智能建筑的概念,在20世纪末诞生于美国。世界上第一幢智能大厦是1984年在美国康涅狄格州哈特福德(Hartford)市建成的。我国于20世纪90年代才起步,但发展迅猛。智能建

筑(Intelligent Building)是以建筑为平台,兼备建筑设备、办公自动化及通信网络系统,对建筑物的结构、系统、服务和管理 4 个基本要素及其内在联系,进行最优化的设计,向人们提供一个安全、高效、舒适、便利的建筑环境。

　　智能建筑的基本内涵是:以综合布线系统为基础,以计算机网络为桥梁,综合配置建筑及建筑群内的各功能子系统,全面实现对通信网络系统、办公自动化系统、建筑及建筑群内各种设备(空调、供热、给排水、变配电、照明、电梯、消防、公共安全)等的综合管理。

　　建筑智能化结构主要由三大系统组成,即楼宇自动化系统(Building Automation System,简称 BAS)、办公自动化系统(Office Automation System,简称 OAS)、通信自动化系统(Communication Automation System,简称 CAS)。这三个自动化简称为 3A。BAS 是对建筑物或建筑群内的电力、照明、空调、给排水、防灾、保安、车库管理等设备或系统进行监视、控制和管理,为人们提供一个良好的生活和工作环境。OAS 是以计算机技术为中心,利用各种通信技术、多媒体技术,如电话机、传真机、复印机、打印机等,广泛地收集和处理文字信息、数据信息和多媒体信息,提高办公业务的规范化、自动化程度,提高对信息资源的高效利用。CAS 是楼内的语音、数据、图像传输的基础,同时与外部通信网络(如公用电话网、综合业务数字网、计算机互联网、数据通信网及卫星通信网等)相联,确保信息通畅。

本 章 小 结

　　建筑用电系统可分为建筑照明系统、建筑动力系统和建筑弱电系统三大类。

　　建筑电气照明系统由电气系统和照明系统组成。电气系统由电源、导线、控制和保护设备、用电设备组成。照明系统由光源、控制器、室内空间、建筑内表面、建筑形状和工作面等组成。

　　建筑动力系统包括供暖、通风、供水、排水、热水供应、运输系统等。

　　建筑弱电系统包括共用电视天线系统、广播系统、通信系统、火灾报警系统、智能保安系统、综合布线系统、办公自动化等。

　　智能建筑是指通过将建筑物的四个基本要素即结构、系统、服务和管理以及它们之间的内在关联进行最优化,来提供一个投资合理的且拥有高效的舒适、安全、便利的环境空间。建筑智能化结构主要由楼宇自动化系统、办公自动化系统、通信自动化系统组成,简称为 3A。

复习思考题

1. 建筑动力系统由哪几部分组成?
2. 建筑照明系统由哪几部分组成?
3. 建筑弱电系统的组成有哪些?
4. 什么是智能建筑?

第十二章

建筑施工图实例

教学要求

识读并理解简单的建筑施工图。

● 第一节 建筑施工图的内容及阅读方法 ●

建筑工程施工图是指导施工的一套图样,能准确地表达出建筑物的外形轮廓、大小尺寸、内部布置、室内外装修、各部结构、构造、设备等的做法。

一、建筑工程施工图的内容

一套完整的建筑施工图,根据其专业内容和作用的不同,一般可分为:

1. 施工首页图

简称首页图,包括图样目录和设计总说明。

2. 建筑施工图

简称建施,主要表明建筑物的外部形状和内部布置、细部构造、装饰做法等情况。包括建筑总平面图、各层平面图、各立面图、剖面图和构造详图等。

3. 结构施工图

简称结施,主要表明建筑物的承重结构构件的布置和构造情况。包括结构设计说明、基础平面图、基础详图、各层结构平面布置图、结构构造详图、构件图等。

4. 设备施工图

简称设施,主要表明专业管道和设备的布置及构造等情况。包括给排水、电气设备、采暖通风等施工图,它们简称为水施、电施及暖通施工图。设备施工图一般都由平面布置图、系统图、详图等组成。

工程图纸应按专业顺序编排,一般应为图纸目录、总图及说明、建筑图、结构图、给水排水图、采暖通风图、电气图、动力图。以某专业为主体的工程,应突出该专业的图纸。

各专业工种施工图纸的编排顺序是:全局性图纸在前,局部性图纸在后;先施工的图纸在前,后施工的图纸在后。

二、建筑工程施工图的阅读方法

识读施工图时,必须掌握正确的识读方法和步骤。

在识读整套图纸时,应按照"总体了解、顺序识读、前后对照、重点细读"的读图方法。

1. 总体了解

一般先看目录、总平面图和施工总说明,以大致了解工程的情况,如工程设计单位、建设单位、新建房屋的位置、周围环境、施工技术要求等。对照目录检查图纸是否齐全,采用了哪些标准图并备齐这些标准图。然后看建筑平、立、剖面图,大体上想象一下建筑物的立体形象及内部布置。

2. 顺序识读

在总体了解建筑物的情况以后,根据施工的先后顺序,从基础、墙体(或柱)、结构平面图、建筑结构及装修的顺序,仔细阅读有关图纸。

3. 前后对照

读图时,要注意平面图、剖面图对照着读,建筑施工图与结构图对照着读,土建施工图与设备施工图对照着读,做到对整个工程施工情况及技术要求心中有数。

4. 重点细读

根据工种的不同,将有关专业施工图再有重点地仔细阅读一遍,并将遇到的问题记录下来,及时向设计部门反映。

识读一张图纸时,应按由外向内看、由大到小看、由粗到细看、图样与说明交替看、有关图纸对照着看的方法,重点看轴线及各种尺寸关系。

● 第二节 建筑总平面图、平面图的识读 ●

一、建筑总平面图的识读

建筑总平面图是表明新建工程四周一定范围内的新建、拟建、原有和拆除建筑物、构筑物连同其周围地形、地物状况的工程图样。主要是表示新建房屋的位置、朝向、与原有建筑物的关系,以及周围道路、绿化和给水、排水、供电条件等方面的情况。建筑总平面图是新建房屋定位、土方施工及绘制设备管网平面布置图和施工总平面布置图的依据,见图12-1。

识读总平面图时,应按以下方法:

1. 了解图名、比例

该施工图为总平面图。总平面图一般采用 1:500,1:1000 或 1:2000,本图比例为1:500。

2. 了解工程的性质、用地范围、地物地貌和周围环境等情况

从图中可知,用粗实线画出的图形是拟建房屋的底层平面轮廓,平面图形内的小黑点数表示房屋的层数,为 3 层;用细实线画出的是原有建筑,原有办公楼为 4 层,教学大楼为 3 层;图中虚线画出的是计划扩建的房屋。圆圈表示乔木等。

3. 了解拟建房屋的朝向、高程、位置及与原有建筑、道路等的位置关系

总平面图中,根据风向频率玫瑰图和指北针,可以了解新建房屋的朝向及该地区的风向频率分布情况;根据标注的高程及尺寸了解新建房屋室内首层地面和室外地面的绝对高程以及房屋的位置、与原有建筑的位置关系。图中高程与尺寸都以米为单位,写到小数点以后两位数字。

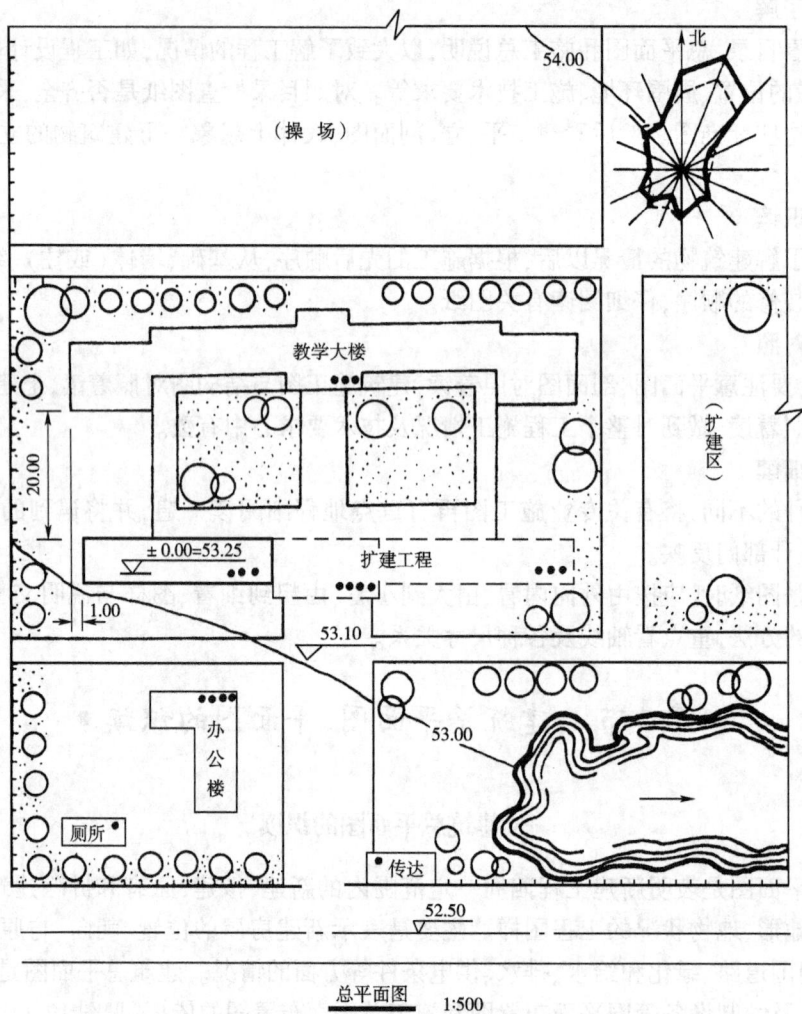

图 12-1 总平面图(尺寸单位:m)

4. 了解工地的道路和绿化规划

二、建筑平面图的识读

建筑平面图是假想用一个水平剖切面,沿略高于窗台处的位置将房屋剖切后,对剖切面以下部分所作的水平投影图,能反映出房屋的平面形状、房间的布置及大小,墙、柱、门、窗的位置等。可以作为施工放线、砌墙、安装门窗、室内装修及编制预算的重要依据,是建筑施工图中的重要图纸。

建筑平面图包括底层平面图、标准层平面图、顶层平面图、屋顶平面图以及局部平面图等。图 12-2 为房屋的底层平面图。

从建筑平面图中可以了解到以下内容:

1.建筑物及其组成房间的名称、尺寸、定位轴线和墙厚等

建筑平面图中绘有定位轴线,用来表示房屋各承重构件的位置。定位轴线分纵向定位轴线和横向定位轴线;横向定位轴线用阿拉伯数字从左至右顺序编号,纵向定位轴线用大写拉丁字母从下至上顺序编写,见图12-2。

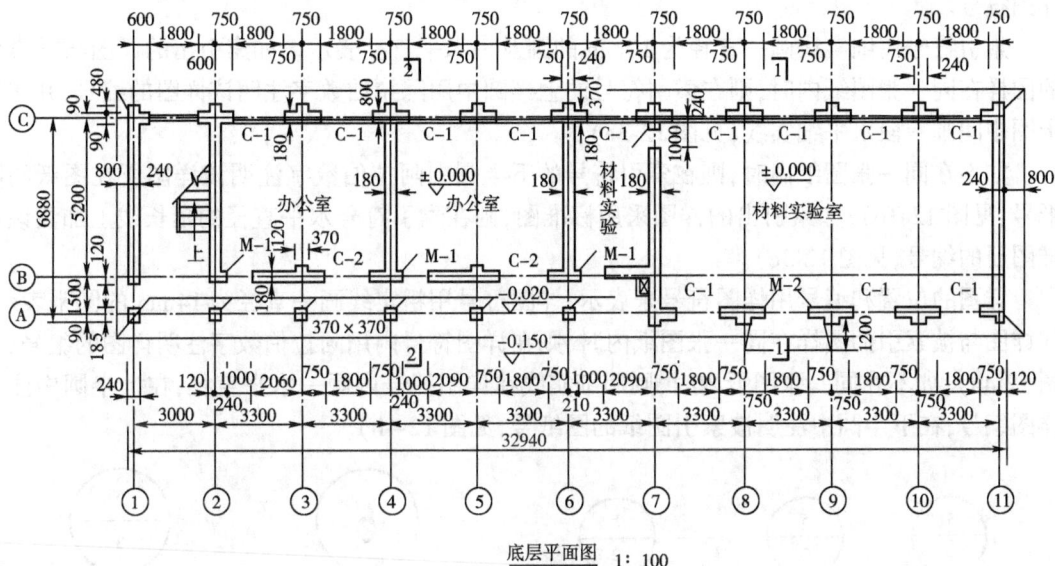

底层平面图 1:100

图12-2 底层平面图(尺寸单位:mm)

平面图中的尺寸有外部尺寸和内部尺寸。外部尺寸一般分三道标注:最外面一道是外包尺寸,表示房屋外墙轮廓的总长度和总宽度。如图中建筑总长为32940mm,总宽为6880mm;中间一道尺寸,表示定位轴线的距离。相邻横向定位轴线之间的尺寸为房间的开间,相邻纵向定位轴线之间的尺寸称为进深。如图中办公室的开间为6600mm,进深为5200mm;最里面的一道尺寸,表示门窗洞口、窗间墙、墙厚等细部尺寸。底层平面图中还应标注室外台阶、散水等尺寸。内部尺寸用来标注内墙厚度、内墙上的门窗洞尺寸、门窗洞与墙或柱的定位尺寸以及固定设备的尺寸和位置等。

2.建筑物各组成部分的高程情况

在平面图中,对于建筑物各组成部分,如楼地面、楼梯平台面、室内外地坪面、外廊和阳台面处,一般都分别注明高程。这些高程均采用相对高程,并将建筑物的底层室内地坪面的高程定为±0.000(即底层设计高程)。平面图中高程以米为单位,尺寸以毫米为单位。

3.门窗的位置及编号

门窗在平面图中,只能反映出它们的位置、数量和洞口宽度尺寸,而它们的高度尺寸、窗的开启方式和构造等情况是无法表达的。为了便于识读,门采用代号 M 表示,窗采用代号 C 表示,并在代号后面加注编号以便区分。每个工程的门窗规格、型号、数量应有门窗表说明。

4.建筑剖面图的剖切位置及剖视方向

在底层平面图中,通常将建筑剖面图的剖切位置及投影方向用剖切符号表达出来。剖切符号由剖切位置线及剖视方向线组成,剖视方向线垂直于剖切位置线,均以粗实线绘制。剖切符号应进行编号,编号用阿拉伯数字按顺序从左至右、从下至上连续编排,并注写在剖视方向线的端部。

5. 详图索引符号及详图符号

图样中凡需要用详图表示的构造部分,均应标上详图索引符号,而在详图下面则必须画出详图符号。

索引符号用细实线画一直径为 10mm 的圆及一水平直径表示。如索引出的详图与被索引的图样在同一张图纸内时,则在索引符号的上半圆中用阿拉伯数字注明该详图的编号,并在下半圆中间画一段水平细实线,见图 12-3a);

如不在同一张图纸内时,则在索引符号的下半圆中阿拉伯数字注明该详图所在图纸的图纸号,见图 12-3b);如索引出的详图采用标准图,则在索引符号水平直径的延长线上加注该标准图册的编号,见图 12-3c)。

详图的位置和编号用详图符号来表示,详图符号用粗实线画一直径为 14mm 的圆来表示。如详图与被索引的图样在同一张图纸内时,则在详图符号内用阿拉伯数字注明详图的编号,见图 12-4a);如不在同一张图纸内时,则用细实线在详图符号内画一水平直径,在上半圆中注明详图编号,在下半圆中注明被索引图纸的图纸号,见图 12-4b)。

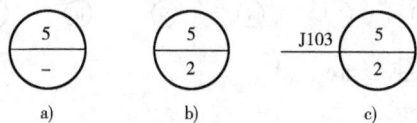

图 12-3　索引符号　　　　　　　　　　图 12-4　详图符号

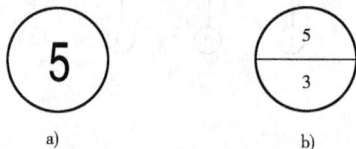

● 第三节　建筑立面图、剖面图、详图的识读 ●

一、建筑立面图的识读

对房屋前、后、左、右各外表面所作的正投影图,称为建筑立面图。它主要是表示建筑物的外貌,反映了建筑各立面的造型、门窗形式和位置、各部分的高程、外墙面的装饰材料和做法。通常把反映房屋主要出入口或反映房屋外貌特征的立面叫正立面图,其余的立面图相应为背立面图和侧立面图。有的房屋也按朝向来命名,如南立面图、北立面图、东立面图和西立面图。还可以按房屋首、尾定位轴线的编号来命名,如①—⑩立面或⑩—①立面等。图 12-5 为房屋的南立面图。

立面图的识读要点如下:

1. 弄清图名和比例

2. 了解房屋的外貌和墙体细部构造等情况

可以了解到房屋的屋面、门窗、台阶、雨篷、阳台、雨水管等的形状、位置及构造等情况。

3. 了解房屋外部装饰及所用材料情况

立面图中一般用图例和文字来说明装饰材料的类型、配合比和颜色等。

4. 了解房屋立面各部分的高程及高度关系

立面图上一般只注写相对高程而不注写大小尺寸,通常要注写室外地坪、出入口地面、勒脚、窗台、门窗顶及檐口等处的高程。

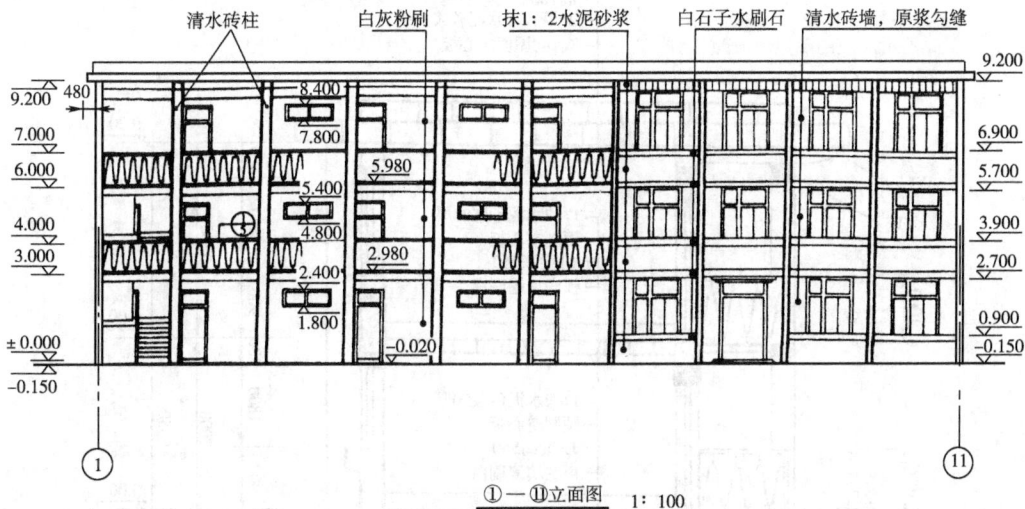

图 12-5　立面图

5. 在立面图上左右两端墙的定位轴线应写上编号,以便与平面图对照阅读

有时图中还有详图索引符号,表示局部构造另有详图表示。

二、建筑剖面图的识读

假想用一个垂直剖切平面把房屋剖开,移去靠近观察者的部分,对留下部分作正投影所得到的正投影图,称为建筑剖面图。建筑剖面图反映房屋内部的结构形式、分层情况、各部位的联系、材料及其高度等。它与建筑平面、立面图相结合,是建筑施工图中不可缺少的重要图样之一。见图 12-6。

剖面图的剖切位置应选择在内部结构和构造比较复杂或有代表性的部位,其数量应根据房屋的复杂程度和施工实际需要而定。

剖面图的识读要点如下:

1. 弄清楚图名、比例及剖切平面的位置

把图名和轴线编号与平面图上的剖切符号和轴线编号对应起来,可知剖切面的位置和投影方向。

2. 了解房屋构造、组合及内部装饰和设备的配置等情况

从剖切到的各部分的位置、形状、图例及未剖切到的可见部分的位置、形状等,可以了解到房屋的构造和组合以及内部的装饰和设备的配置等情况。

3. 了解房屋各部位的尺寸和高程情况

建筑剖面图中,应标注垂直尺寸和高程。外部尺寸一般也标注三道:最里面一道为门、窗洞及洞间墙的高度尺寸;中间一道是各层的层高,即房屋下层楼面至上一层楼面的垂直高度,

同时还注明室内外地面的高差尺寸;最外侧一道为室外地面以上的总高度。内部尺寸标注某些局部尺寸,如室内门窗洞、窗台的高度及有些不另画详图的构配件尺寸等。

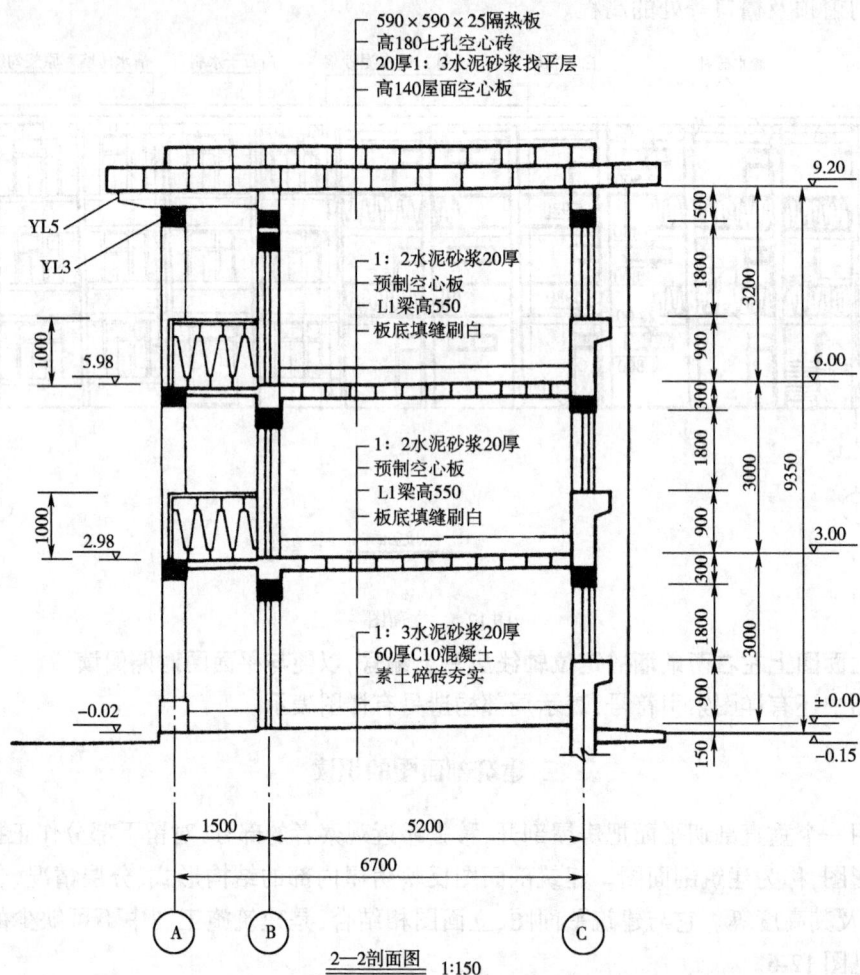

图 12-6　剖面图(尺寸单位:mm)

在建筑剖面图上,室内外地面、楼面、楼梯平台面、屋顶檐口等都应注明建筑高程。

4. 看清构造引出线

房屋的地面、楼面和屋面等的构造做法,一般在剖面图中用多层构造引出线加以说明,见图 12-6。引出线用细实线绘制,文字说明注写在横线的上方或端部,说明的顺序由上至下,应与被说明的层次相互一致。

5. 看清定位轴线

剖面图中的定位轴线一般只画出两端的轴线及其编号,以便与平面图对照。

三、建筑详图的识读

由于建筑平、立、剖面图所用的比例较小,建筑物上许多细部的构造难以表达清楚。为了满足施工上的需要,必须另外绘制比例较大的图样,将某些建筑构件(如门、窗、楼梯、阳台等)

的形状、尺寸、材料、做法详细表达出来,就是建筑详图。建筑详图是建筑细部的施工图,是建筑平、立、剖面图等基本图纸的补充和深化,是建筑工程的细部施工、建筑构配件的制作编制预算的依据。

对于套用标准图或通用图的建筑构配件和节点,只要注明所套用图集的名称、型号或页次,就可不必再画详图。

建筑详图的种类很多,下面仅介绍楼梯详图。

楼梯详图的内容包括楼梯平面图、楼梯剖面图和楼梯节点详图。

1. 楼梯平面图

楼梯平面图是采用略高于窗台处作水平剖切向下投影而形成的投影图,见图 12-7。

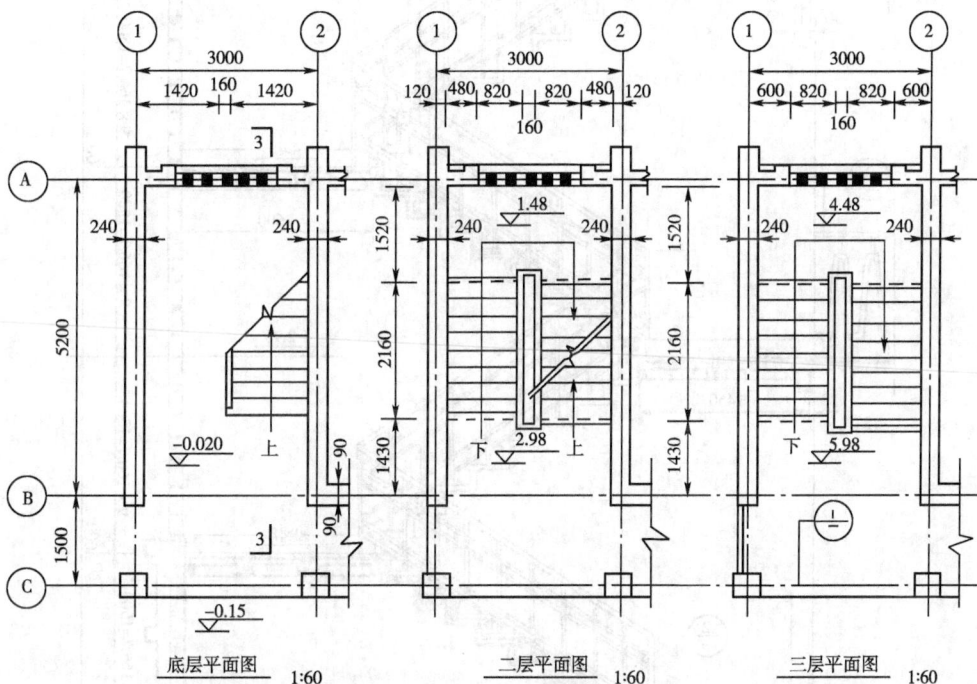

图 12-7　楼梯平面图(尺寸单位:mm)

建筑物中各层楼梯的布置和构造等情况不一定相同,为此每一层都要画出它们的平面图,对于相同的各层楼梯平面(仅高程不同)可用一个标准层平面图表示。

从楼梯平面图上可以了解到以下内容:

(1)楼梯或楼梯间在建筑物中的平面位置及有关轴线的布置。

(2)楼梯间、楼梯段、楼梯井和休息平台等的平面形式、尺寸,楼梯踏步宽度和踏步数。

(3)楼梯间处的墙、柱、门窗平面位置及尺寸。

(4)楼梯的走向、栏杆设置及楼梯上下起步的位置。

(5)楼梯邻近各层楼地面和休息平台面的标高。

(6)在底层楼梯平面图中了解楼梯垂直剖面图的剖切位置和剖视方向。

2. 楼梯剖面图

楼梯剖面图是用假想的垂直剖切面沿楼梯段方向作剖切后得到的剖面图,在楼梯剖面图中不仅要包含有被剖切的楼梯段,还要有未被切到的楼梯段的投影,见图12-8。

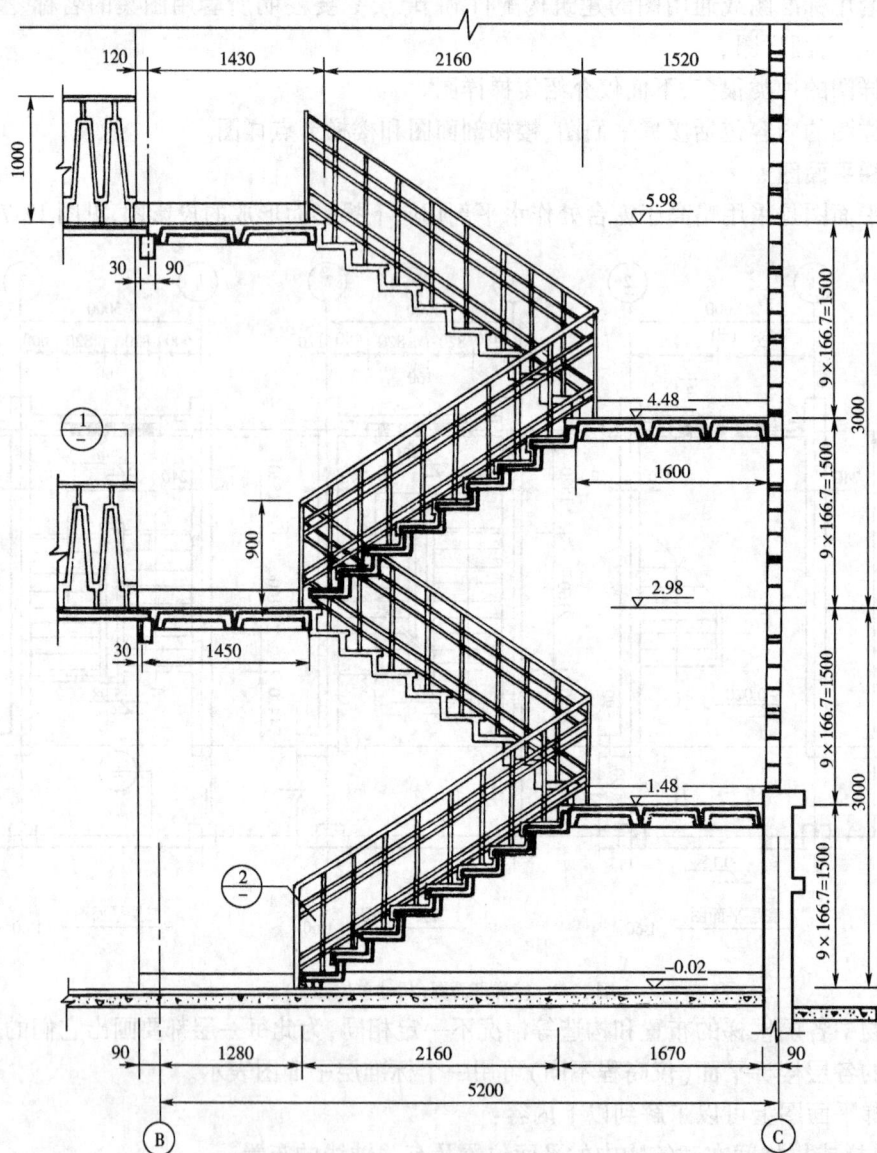

图 12-8 楼梯剖面图(尺寸单位:mm)

在楼梯剖面图中可以了解到以下内容:

(1)楼梯在竖向和进深方向的有关高程、尺寸(例如各楼层的休息平台的高程和竖向尺寸、楼梯段水平投影长度等)和详图索引符号。

(2)楼梯间墙身的轴线编号、轴线间距尺寸及墙柱结构与楼梯结构的连接。

（3）梯段、平台、栏杆、扶手等构造情况和用料说明。

（4）踏步的宽度、高度及栏杆的高度。

3.楼梯节点详图

楼梯节点详图包括楼梯踏步和栏杆等的大样图，以表明它们的尺寸、用料、构件连接等的构造，见图12-9。

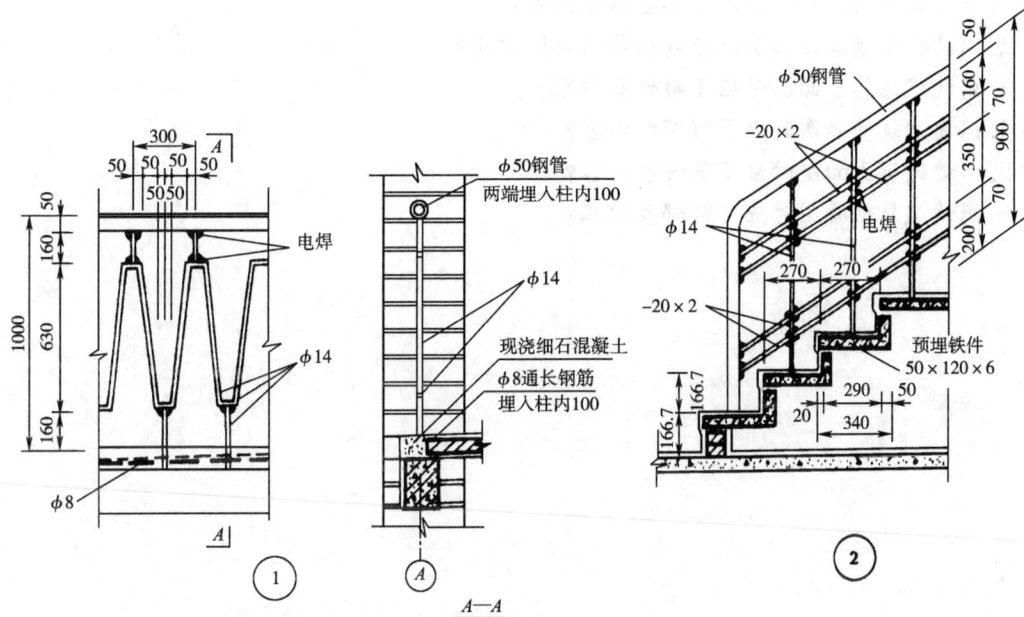

图 12-9 楼梯节点详图（尺寸单位：mm）

本 章 小 结

一套完整的建筑施工图，一般由施工首页图、建筑施工图、结构施工图、设备施工图等组成，并按专业顺序编排，即图纸目录、总图及说明、建筑图、结构图、给水排水图、采暖通风图、电气图、动力图。识读整套建筑施工图时，应遵循"总体了解、顺序识读、前后对照、重点细读"的读图方法。

识读总平面图时，应了解图名、比例；了解工程的性质、用地范围、地物地貌和周围环境等情况；了解拟建房屋的朝向、标高、位置及与原有建筑、道路等的位置关系；了解工地的道路和绿化规划。

从建筑平面图中可以看到建筑物及其组成房间的名称、尺寸、定位轴线和墙厚；建筑物各组成部分的标高情况；门窗的位置及编号；建筑剖面图的剖切位置及剖视方向。

识读立面图时，要弄清图名和比例；了解房屋的外貌和墙体细部构造；了解房屋外部装饰及所用材料情况；了解房屋立面各部分的标高及高度关系。

识读剖面图应弄清楚图名、比例及剖切平面的位置；了解房屋的构造和组合以及内部的装饰和设备的配置情况；了解房屋各部位的尺寸和标高情况；房屋的地面、楼面和屋面等的构造做法。

复习思考题

1. 一套完整的建筑施工图由那些图纸组成？
2. 识读整套建筑施工图时应遵循什么读图方法？
3. 识读建筑总平面图时应了解哪些内容？
4. 识读建筑平面图时应了解哪些内容？
5. 识读建筑立面图时应了解哪些内容？
6. 识读建筑剖面图时应了解哪些内容？

参 考 文 献

1　同济大学,西安建筑科技大学,东南大学等.房屋建筑学(第三版).北京:中国建筑工业出版社,1997

2　王万江等.房屋建筑学.重庆:重庆大学出版社,2003

3　中华人民共和国国家标准.建筑抗震设计规范(GB 50011—2001).北京:中国建筑工业出版社,2001

4　中华人民共和国国家标准.砌体结构设计规范(GB 50003—2001).北京:中国建筑工业出版社,2001

5　中华人民共和国国家标准.屋面工程技术规范(GB 50345—2004).北京:中国建筑工业出版社,2004

6　朱维益等.建筑施工便携手册.北京:机械工业出版社,2003

7　王青山.建筑设备.北京:机械工业出版社,2003

8　汪永华.建筑电气.北京:机械工业出版社,2004

9　王强.建筑工程制图与识图.北京:机械工业出版社,2004